MEDICIONES EN ALTA TENSIÓN

Alberto Torresi

SERIE INGENIERÍA

Editorial
Científica
Universitaria

Mediciones en Alta tensión

UNIVERSITAS
Editorial Científica Universitaria

Mediciones en Alta Tensión

Alberto A. Torresi

UNIVERSITAS

Editorial Científica Universitaria
Pje España 1467. Te/Fax: 4680913. (5000) Córdoba. Argentina

Diseño de Tapa: Ing. Jorge G. Sarmiento
Autoedición: Ing. Jorge G. Sarmiento
Gráficos: Vicente Dalelucce
Producción Gráfica: Universitas.

Hecho el depósito que marca la ley 11.723.

Indice

Prólogo

Las técnicas de mediciones en alta tensión, están constituidas por un conjunto de métodos para determinar las cualidades y la confiabilidad de los materiales y aparatos.

La presente obra, titulada Mediciones en Alta Ténsión, en idioma español, resuelve el problema de los interesados en su conocimiento y aplicación, que debían recurrir normalmente a varios textos en inglés, frances, alemán, etc.

En cuanto al autor, el Ing. Alberto Torresi, se desempeño desde el año 1972 en el Laboratorio de Alta Tensión, de la Facultad de Ciencias Exactas, Fisiscas y Naturales de la Universidad Nacional de Córdoba, en el cual comenzó siendo Ayudante Alumno, desempeño a posteriori los cargos de Jefe de Ensayos y Director de dicho Laboratorio. También dictó en dicha Facultad, las asignaturas optativas Técnicas de Alta Tensión y Análisis de Sistemas de Potencia. En la Universidad Nacional de Río Cuarto fué Profesor Titular de Mediciones Eléctricas.

Se analiza en primer lugar, como está constituído un laboratorio de alta tensión en sus dos aspectos: ensayos de rutina a investigación. Describe los métodos de medida, en tensión y en corriente industrial, con esquemas básicos de la constitución de los equipos utilizados. Continúa con el método de las tensiones de impulso, el cual estudia en forma muy completa, con sus equipos de una y múltiples etapas. Hace un análisis de los generadores de alta frecuencia en alta tensión y en corriente contínua. Se efectúa un muy detallado tratamiento de los divisores de tensión.

Realiza una síntesis de los transformadores, sus diferentes tipos y las mediciones en los mismos. Plantea los métodos de medida de tensiones, corriente e impedancias. Finalmente, trata el método de las descargas parciales.

Todos los temas están desarrollados en forma clara y comprensible, especialmente si el usuario tiene conocimiento de Electrotecnia y Teoría de Redes.

Córdoba, Mayo de 2001.

Oscar A. Nicasio
Prof. Consulto - Universidad Nacional de Córdoba

Generación de Altas Tensiones

La implementación de un laboratorio de mediciones en alta tensión deberá comenzar necesariamente por el equipamiento y su instalación en un edificio especialmente proyectado, cumpliendo con las condiciones técnicas y de seguridad que las normas especifican. Previo a la selección del equipamiento con que contará el laboratorio se definen las modalidades del caso. Generalmente por su utilización, los laboratorios de alta tensión se dividen en:

- Laboratorios de investigación
- Laboratorios de ensayos de rutina

Los trabajos que se realizan en los laboratorios de investigación varían considerablemente de un laboratorio a otro de acuerdo a las necesidades. Estos laboratorios cuentan con equipamiento para las dos posibilidades. Los ensayos de rutina se realizan en plantas de producción y son destinados a determinar la eficiencia y confiabilidad de los materiales y aparatos. Los equipos de alta tensión son requeridos para el estudio de la aislación de los materiales y aparatos en las condiciones más probables de funcionamiento que puedan presentarse.

Los ensayos son hechos con tensiones más elevadas que las nominales de funcionamiento para determinar el factor de seguridad que establece que el margen de trabajo no sea demasiado bajo ni tan alto.

Las formas convencionales de la alta tensión de uso en laboratorios puede dividirse en tres clases:

1. Tensión alterna
2. Tensión de impulso
3. Tensión continua

1.1. Tensión alterna

1.1.1. Transformadores en cascada.

Los transformadores de potencia y frecuencia industrial de dos arrollamientos son los más utilizados en los laboratorios de alta tensión. El diseño de los transformadores para ensayo se efectúa normalmente para la misma frecuencia que la de los objetos a ensayar. Las consideraciones de orden térmico, de regulación y potencia de salida no difieren demasiado con respecto a los transformadores de potencia. La aislación del transformador debe estar capacitada para soportar las sobretensiones a que pueda ser sometido.

El transformador de ensayo de una sola unidad puede ser usado hasta tensiones no superiores a 750 kV en casos especiales hasta 1000 kV. El costo de estas unidades se incrementa muy rápidamente con la tensión. Además las dificultades de transporte e instalación se hacen muy severas.

Los inconvenientes que se presentan con los transformadores de una sola unidad en tensiones muy elevadas pueden ser superados colocando en cascada varias unidades donde los bobinados de alta tensión se conectan en serie y únicamente el bobinado primario de baja tensión es conectado a la fuente.

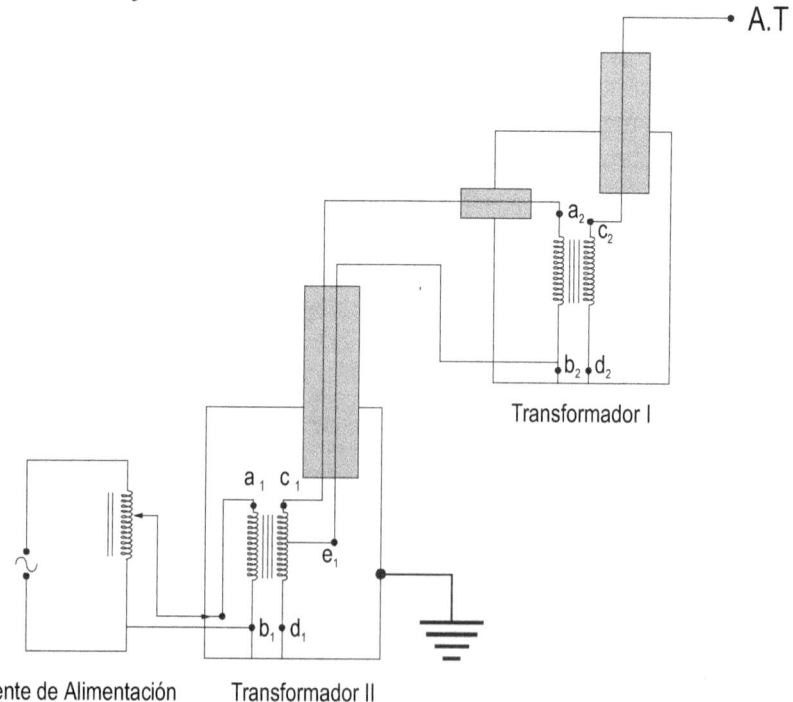

Figura 1.1. Transformadores en cascada.

El esquema básico de conexión de transformador en cascada se encuentra en la fig. 1-1.

La fuente de baja tensión se conecta a los bornes a_1 b_1 del transformador elevador I. La cuba de este transformador está conectada a tierra. El terminal d_1 del secundario también es puesto a tierra. El arrollamiento primario a_2 b_2 del transformador II es alimentado desde la derivación c_1e_1 del transformador I. Esta derivación está hecha de tal forma que la tensión Vc_1e_1 sea igual a la del arrollamiento primario Va_1b_1. El final d_2 del arrollamiento secundario del transformador II se conecta a la cuba, la cual está aislada de tierra para la tensión máxima secundaria del transformador I. La tensión disponible entre el terminal c_2 y tierra es aproximadamente igual a la suma de las tensiones secundarias de ambos transformadores.

La tensión de salida se controla regulando la tensión primaria del primer transformador, el cual es normalmente alimentado a través de un autotransformador de regulación de tensión.

Las características requeridas para un transformador de ensayo dependen de los elementos a ser probados. Para ensayos de grandes transformadores y generadores que presentan una capacidad electrostática elevada, el transformador de prueba debe suministrar una elevada corriente con buena regulación.

Estas corrientes elevadas no son requeridas en ensayo de aisladores o atravesadores cuya capacidad es generalmente pequeña.

El ensayo de cable incluye largos periodos de prueba para determinar el aumento de temperatura en condiciones de operación. El transformador debe estar capacitado para suministrar estas altas corrientes con un bajo factor de pérdidas durante un largo período de tiempo. Cuando se mide factor de potencia y pérdidas dieléctricas, la forma de onda debe mantenerse sinusoidal en todas las condiciones de carga.

1.1.2. Circuito resonante serie para altas tensiones de ensayo.

El circuito resonante sintonizado serie de alta tensión para ensayos surgió como un medio para superar la resonancia accidental y no deseada a la que son propensos muchos ensayos convencionales.

Consideremos el circuito convencional de ensayo de la figura 1-2. En dicho circuito C es la capacidad del elemento bajo prueba y $(r_1 + j\omega L_1)$ representa la impedancia de la fuente de regulación de tensión y del arrollamiento primario del transformador de alta tensión.

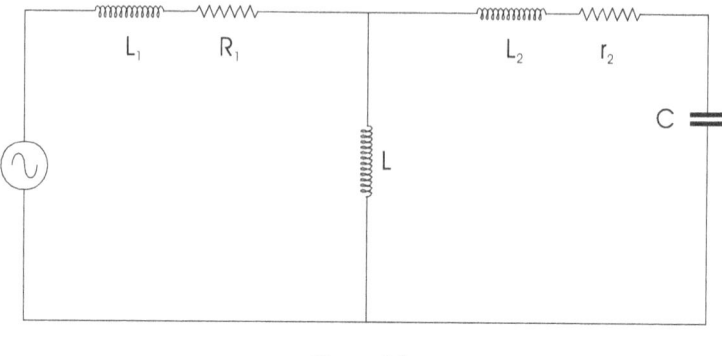

Figura 1.2.

ωL representa la impedancia paralelo del transformador, la cual es grande comparada con ωL_1 y ωL_2 y puede despreciarse.

$(r_2 + J\omega L_2)$ representa la impedancia del arrollamiento secundario del transformador.

$\dfrac{1}{j\omega C}$ representa la impedencia capacitiva de la carga.

En caso de que

$$\omega(L_1 + L_2) = \frac{1}{\omega C}$$

se produciría una resonancia accidental. A la frecuencia de la fuente el efecto puede ser extremadamente peligroso, como la elevación instantánea de la tensión de 20 a 30 veces del valor previsto. Esto puede ocurrir y como consecuencia, producirse explosiones durante el ensayo de cables.

La mayor posibilidad de que este fenómeno ocurra es cuando se ensayan objetos al límite máximo de corriente y relativamente bajo tensión, como ser elevada capacidad de carga. Desafortunadamente la inductancia de la fuente regulada varía de alguna manera sobre su valor nominal y la resonancia no se produce necesariamente cuando la tensión es más baja, en el circuito, pero en cualquier momento a medida que la tensión aumenta puede aparecer dicha resonancia.

La resonancia de las armónicas puede ocurrir en forma similar cuando está presente la tercera armónica de la corriente del transformador. Dicha resonancia no es peligrosa pero tres armónicas pueden tener una amplitud mayor que la fundamental y la tercera armónica puede tener un 5% de riple sobre la forma de onda.

Esta forma de armónica resonante causa una gran distorsión, mayor que otros efectos. En el circuito resonante serie, la resonancia es controlada a la frecuencia fundamental, el efecto no deseado no aparece.

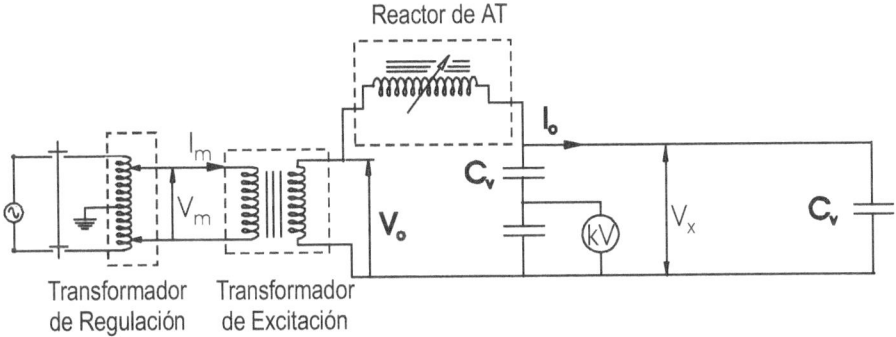

Figura 1.3.

Las industrias fabricantes de cables se interesaron particularmente en desarrollar un circuito que ofreciera una corrección del factor de potencia de la alta capacidad de carga y la longitud de los cables en constante incremento. Esta primer interés influyó para el desarrollo de circuitos, particularmente para el ensayo de cables. La aplicación mas general aparecerá un tiempo después.

El circuito básico es de el de la figura 1-3.

$$V_x = Q \times V_0 = Q.N_1 V_m \qquad [1\text{-}1]$$

$$I_m = \frac{1}{a} \cdot \frac{V_x I_0}{V_m} \qquad [1\text{-}2]$$

V_0 Tensión de entrada del transformador reactor de AT.
N_1 Relación de transformación del transformador excitador.
V_0 Tensión de salida del transformador reactor.
V_x tensión aplicada a la muestra.
I_m Corriente de entrada del transformador excitador.
I_0 Corriente de salida del transformador excitador.

El circuito comprende una carga capacitiva casi pura C_x en serie con una inductancia variable en forma continua.

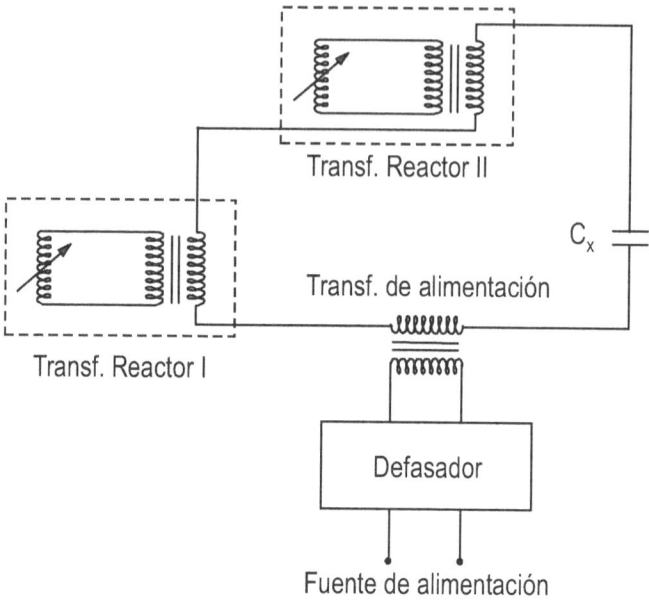

Figura 1.4.

La inductancia es variable de acuerdo a la impedancia de la carga capacitiva a la frecuencia de la fuente. La alta tensión se obtiene por inyección de una corriente a través del circuito serie. El control de la alta tensión se efectúa por la regulación de la corriente de la fuente.

Las modificaciones necesarias para la utilización de estos circuitos son impuestas por las condiciones de alta tensión, dado que es imposible hacer una inductancia variable en forma continua para alta tensión.

Con este propósito la firma Ferranti Ltda. desarrolló un reactor de arrollamiento móvil para baja tensión de inductancia variable continua con etapas transformadoras incorporadas en paralelo para alta tensión. También la fuente regulada alimenta el circuito principal a través de un transformador de alimentación por razones similares. Este circuito se muestra en la fig. 1-4.

1.1.3. Ventajas adicionales del circuito resonante serie.

1. La forma de onda de la tensión es mejorada, no solo por la eliminación de armónicas sino por la atenuación de dichas armónicas en la fuente. En la práctica la amplificación de la fundamental de tensión es de 10 a 20 veces. Las armónicas de alta tensión son divididas en el circuito serie en una creciente proporción a través de la carga, capacitiva. Ahora resulta fácil observar

que las armónicas en la fuente resultan insignificantes. Una buena forma de onda en alta tensión resulta imprescindible, especialmente para mediciones con el puente de Schering.

2. La potencia requerida desde la fuente es más baja que la potencia aparente en el circuito de ensayo. Esta representa solo el 5% de la potencia principal para un factor de potencia unitario.

3. Si se produce una falla en el elemento bajo prueba, el arco eléctrico no se produce porque la tensión cae inmediatamente al cortocircuitarse la carga capacitiva. Esto es muy importante en la industria de cables donde la formación del arco eléctrico puede producir peligrosas explosiones en los terminales de los cables. Tiene también una ventaja importante en el trabajo de desarrollo, el hecho de que una parte del objeto bajo prueba no sea completamente destruido. La auto extinción del arco debido a la caída de tensión hace posible el retardo de la caída en la fuente.

4. La operación en serie o paralelo de unidades múltiples es muy simple y eficiente con el circuito resonante. Un variado número de unidades pueden ser conectadas en serie sin los problemas de la alta impedancia asociada a la conexión en cascada. Las tensiones a través de cada unidad son iguales para iguales impedancias del reactor. Para ensayos con altas corrientes es posible colocar transformadores en paralelo de diferentes impedancias controladas simplemente con su respectivo reactor asociado.

5. La conexión en alta tensión es muy simple de hacer en unidades múltiples no siendo necesario las barras conductoras sino simples conductores para transportar las altas tensiones.

1.1.4. Circuito resonante paralelo.

En la figura 1-5 se muestra un circuito básico resonante paralelo para alta tensión. Estos circuitos han sido desarrollados como un método alternativo a la del circuito resonante serie para la prueba de elementos de alta capacidad.

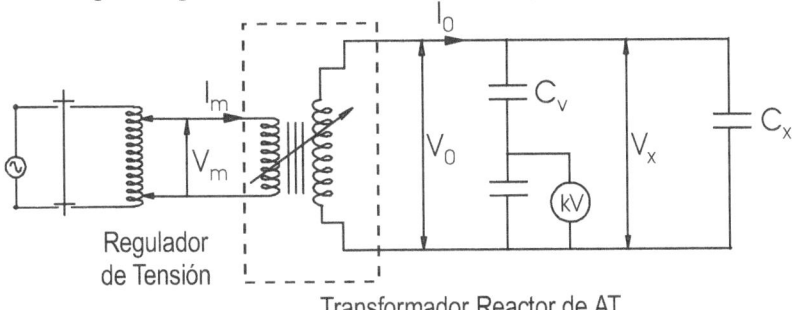

Figura 1.5.

$$V_x = V_0 = N \cdot V_m$$

$$I_m = \frac{1}{a} \frac{V_x I_0}{V_m}$$

V_m Tensión de entrada del transformador reactor de AT.

N Relación de transformación del transformador de AT.

V_0 Tensión de salida del transformador reactor.

V_x Tensión aplicada a la muestra.

C_v Capacidad de divisor de tensión.

I_m Corriente de entrada del transformador reactor.

I_0 Corriente de salida del transformador reactor.

1.2. Tensión de impulso

Los estudios de las perturbaciones en los sistemas de transmisión de energía eléctrica, han demostrado que las descargas atmosféricas y las operaciones de maniobra son seguidas de ondas viajeras con un frente de onda escarpado. Cuando la tensión de esta onda alcanza el transformador de potencia, provoca una solicitación desigualmente distribuida a lo largo de arrollamiento y puede producir la perforación del sistema aislante. Es por ello necesario el estudio de la aislación sometida al impulso de tensión.

La tensión de impulso es una tensión unidireccional la cual crece rápidamente hasta su valor máximo y luego decae lentamente hasta el valor cero.

La forma de onda se define en función de los tiempos T_1 y T_2 en microsegundos, donde T_1 es el tiempo que transcurre entre el inicio y el pico de la onda y T_2 el tiempo total desde el inicio hasta el momento en que la tensión ha caído el 50% de su valor máximo, fig. 1-6.

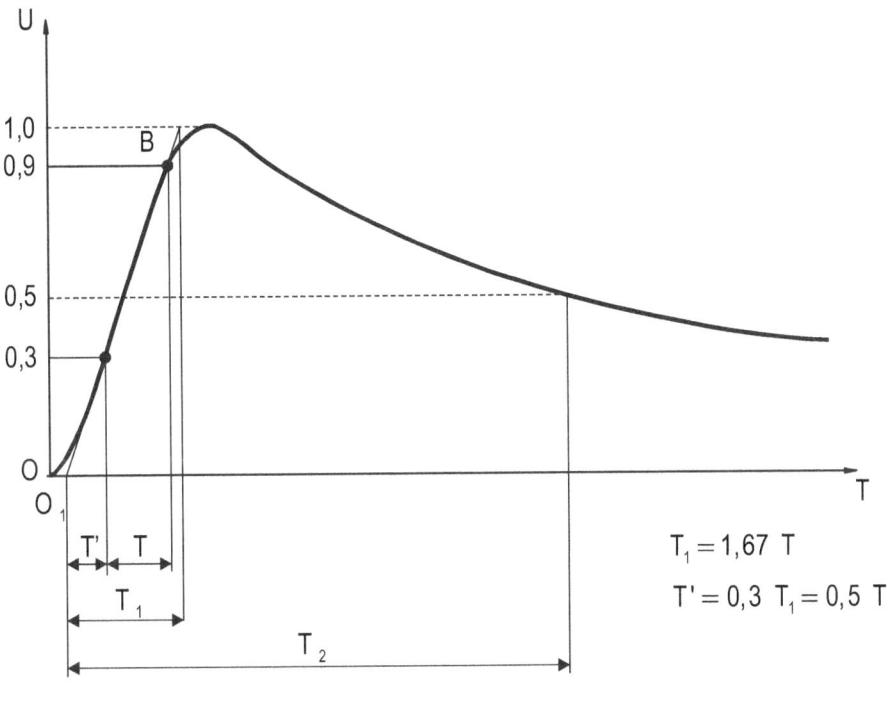

Figura 1.6.

La forma de la onda está referida a la relación $\dfrac{T_1}{T_2}$.

El método exacto para definir la onda de tensión de impulso está especificado por varias entidades internacionales de normalización. La Comisión Electrotécnica Internacional define la onda de tensión de impulso en términos de duración normal del frente y de la cola. El tiempo de frente es definido por

$$T_1 = 1,67 \; T$$

T es el tiempo que transcurre entre los puntos A y B de la tensión, o sea entre el 30 % y el 90 % de su valor máximo.

El punto O es donde la recta AB corta el eje de los tiempos. El tiempo normal de cola T_2 es el tiempo comprendido entre O_1 y el punto de la cola de la onda donde la tensión es el 50 % de su valor máximo. La forma de la onda es definido como T_1/T_2 y de acuerdo a las especificaciones de la Comisión Electrotécnica Internacional ese valor es 1,2/50 microsegundos (μs). Las especificaciones permiten una tolerancia del 30 % en el tiempo de frente y de 20 % en la duración de la cola.

1.2.1. Circuito generador de impulso de simple etapa.

Un generador de impulso elemental consiste en un capacitor, el cual es cargado a la tensión requerida y descargado a través de un circuito de constantes concentradas, las cuales pueden ser ajustadas para obtener la forma de onda requerida.

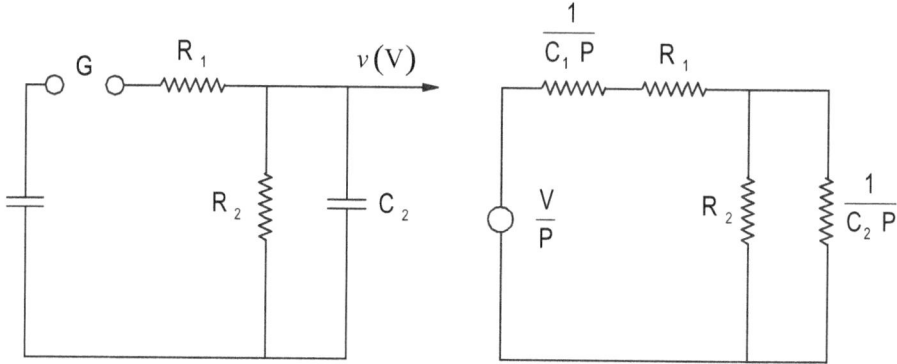

Figura 1.7

El circuito básico de un generador de impulso de simple etapa es el de la figura 1-7 donde C_1 es el capacitor cargado a la tensión de descarga del explosor G. Esta tensión es transferida al objeto bajo prueba a través de capacitor C_2.

Las resistencias de forma de onda $R_1 R_2$ controlan el tiempo de frente y el tiempo de cola de la onda de impulso obtenida a través de C_2.

La tensión de salida del circuito transformado tiene la siguiente expresión

$$V(p) = \frac{V}{P} \cdot \frac{Z_2}{Z_1 + Z_2}$$

$$Z_1 = \frac{1}{C_1 P} + R_1$$

$$Z_z = \frac{\dfrac{R_2}{C_2 P}}{R_2 + \dfrac{1}{C_2 P}}$$

$$V(p) = \frac{V}{P} \cdot \frac{\dfrac{R_2}{C_2 P}}{\dfrac{1}{C_1} + R_1 + \dfrac{\dfrac{R}{C_2 P}}{R_2 + \dfrac{1}{C_2 P}}} = \frac{V}{P} \cdot \frac{R_2}{\dfrac{R_1+1}{C_1 P}(R_2 C_2 P + 1) + R_2}$$

$$V(p) = \frac{V}{R_1 C_2}\left[\frac{1}{P^2 + \left(\dfrac{1}{R_1 C_1} + \dfrac{1}{R_2 C_2} + \dfrac{1}{R_1 C_2} \right)P + \dfrac{1}{R_1 R_2 C_1 C_2}} \right]$$

$$V(p) = \frac{V}{R_1 C_2} \frac{1}{p^2 + ap + b}$$

$$a = \frac{1}{R_1 C_1} + \frac{1}{R_2 C_2} + \frac{1}{R_1 C_2}$$

$$b = \frac{1}{R_1 R_2 C_1 C_2}$$

La expresión de $V(p)$ puede ser escrita de la siguiente manera

$$V(p) = \frac{V}{R_1 C_2} \frac{1}{P_1 - P_2}\left(\frac{1}{P - P_1} - \frac{1}{P - P_2} \right)$$

Donde p_1 y p_2 son las raíces de la ecuación de segundo grado $p^2 + ap + b = 0$

De la tabla de transformadas se obtiene

$$V(t) = \frac{V}{R_1 C_2 (P_1 - P_2)}\left(e^{P_1 t} - e^{-P_2 t} \right)$$

En un caso práctico, R_2 es mucho más grande que R_1 y C_1 es más grande que C_2. Una solución aproximada se obtiene analizando la ecuación siguiente

$$P^2 + \left(\frac{1}{R_1 C_1} + \frac{1}{R_2 C_2} + \frac{1}{R_1 C_2} \right) P + \frac{1}{R_1 R_2 C_1 C_2} = 0$$

El valor de $\frac{1}{R_1 C_1} + \frac{1}{R_2 C_2}$ es mucho más pequeño que el de $\frac{1}{R_1 C_2}$ y por lo tanto puede ser despreciado, la ecuación queda

$$p^2 + \frac{1}{R_1 C_2} p + \frac{1}{R_1 R_2 C_1 C_2} = 0$$

Los valores aproximados de p_1 y p_2 son

$$p_1 \cong \frac{1}{R_1 C_2}$$

$$p_2 \cong \frac{1}{R_2 C_1}$$

$$|p_1| > |p_2|$$

La expresión de la tensión de salida queda

$$V(t) = \frac{V}{R_1 C_2 \left(\frac{1}{R_1 C_2} - \frac{1}{R_2 C_1} \right)} \left[e^{-\frac{t}{R_1 C_2}} - e^{-\frac{t}{R_2 C_1}} \right]$$

$$\frac{1}{R_1 C_2} \gg \frac{1}{R_2 C_1}$$

$$V(t) = V \left[e^{-\frac{t}{R_2 C_1}} - e^{-\frac{t}{R_1 C_2}} \right]$$

La formula es la expresión final de la tensión de salida, cuya representación gráfica es mostrada en la fig. 1-8.

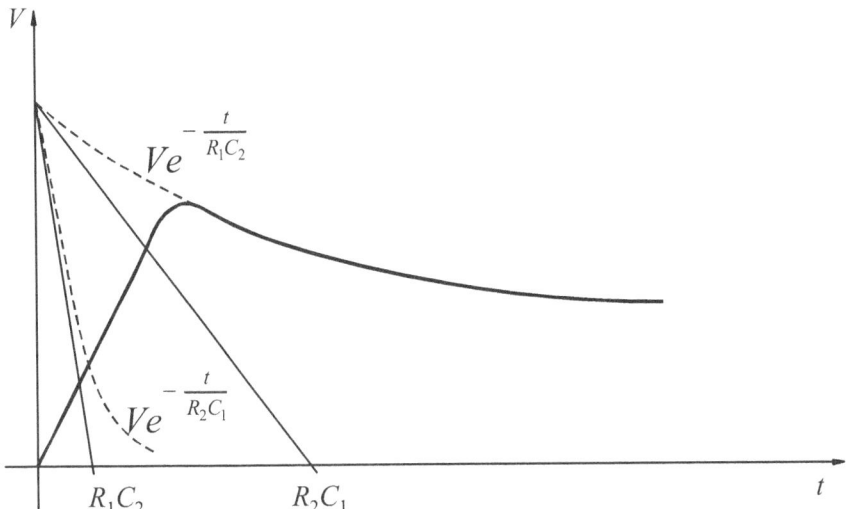

Figura 1.8.

El análisis anterior demuestra que la forma de onda depende de los valores de las capacidades del generador y de la carga y de los valores de las resistencias de control de forma de onda.

Un análisis teórico del generador de impulso de simple etapa y del circuito de carga fue presentado por Edwards, Husbonds y Perry. El circuito simplificado es el de la fig. 1-9 (a) donde C_1 es el capacitor de descarga del generador, C_2 la capacitancia de la carga, L_1 la inductancia del generado, L_2 inductancia externa de la carga y de las conexiones, R_1 resistencia de control del frente de la onda, R_2 ó R_2' resistencia del control de la cola de la onda.

Para una forma de onda 1,2/50 μs la resistencia de cola de la onda resulta grande comparada con la resistencia de control de frente. El error que se cometería al ignorar la resistencia de cola en el cálculo de la duración de frente de la onda resulta muy pequeño. La fig. 1-9 (b) muestra el circuito simplificado.

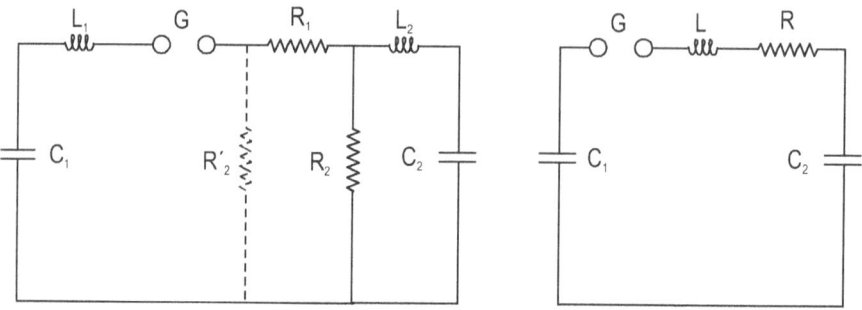

(a) Circuito mostrando la posicion alternativa   (a) Circuito de calculo del frente de onda
de la resistencia de control de la cola de la onda

Figura 1.9.

Después de la descarga del capacitor C_1, la variación de la tensión a través de la capacidad C_2 puede ser analizada por medio del complicado método de ecuaciones diferenciales de cuarto grado. Si L_2 es despreciada o combinada con L_1 la ecuación es de tercer grado y tiene la siguiente expresión

$$V\left[D^3 + D^2\left(\frac{R_1}{L_1} + \frac{1}{C_2 R_2}\right) + D\left(\frac{R_1}{R_2 L_1 C_2} + \frac{1}{L_1 C_2} + \frac{1}{L_1 C_1} + \frac{1}{L_1 C_1 C_2 R_2}\right)\right] = 0$$

Si la resistencia de cola de la onda está en la posición R_2, los parámetros son muy levemente diferentes pero la ecuación permanece en la misma forma.

Una expresión de esta forma es matemáticamente poco interesante dado que las capacidades dispersas y las inductancias están distribuidas en el circuito y no se puede asignarles un valor preciso. En la mayoría de los casos es preferible simplificar los cálculos y considerar al circuito de la fig. 1-9 (b) como no inductivo.

Tomando el caso donde R_2 está del lado de R_1 sobre el generador, las raíces α_1 y α_2 de la ecuación diferencial de V son

$$\alpha_{1,2} = \frac{1 + \times + T_2/T_1}{2T_2}\left\{1 \pm \sqrt{1 - \frac{4T_2/T_1}{\left(1 + \times + T_2/T_1\right)^2}}\right.$$

$$X = \frac{C_2}{C_1}$$

$$T_1 = R_2 C_1$$

$$T = R_1 C_2$$

donde

E tensión a la cual se carga C_1

En tiempo en que la tensión V alcanza el pico viene dada por

$$t_z = \frac{\log e\left(\alpha_2 / \alpha_1\right)}{\alpha_1 - \alpha_2}$$

El rendimiento en tensión η del generado es

$$\eta = \frac{V_{max}}{E} = \frac{e^{-\alpha_1 t_1} - e^{-\alpha_2 t_1}}{T_2\left(\alpha_2 - \alpha_1\right)}$$

Si R_2 está sobre el lado de R_1 sobre la carga, las raíces de la ecuación son

$$\frac{\alpha_1}{\alpha_2} = \frac{1 + x + \dfrac{T_2}{T_1}x}{2T_2}\left\{ 1 / \sqrt{\left[1 - \frac{4\dfrac{T_2}{T_1}}{\left(1 + x + \dfrac{T_2}{T_1}x\right)^2} \right]}\right\}$$

Los valores de t_1 y η se determinan de la misma forma que en caso en que R_2 está del lado de R_1 sobre el generador.

La posición de R_2 afecta notablemente el rendimiento en tensión del sistema. El gráfico de la fig. 1-10 muestra la variación del rendimiento y de acuerdo a la posición de R_2, según la fig. 1-9 (a), y a la relación C_2/C_1.

Cuando R_2 está sobre R_1 del lado de la carga, los resistores R_1 y R_2 forman un divisor de potencial y la tensión de salida se reduce. No sucede lo mismo cuando R_2 esta sobre R_1 del lado del generador.

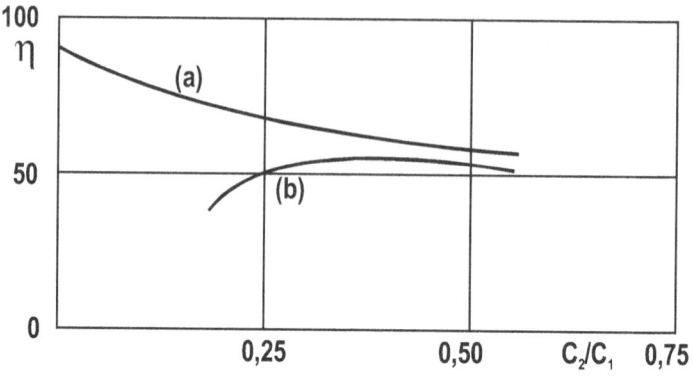

Figura 1.10.

(a) R_2 sobre R_1 del lado del generador.

(b) R_2 sobre R_1 del lado de la carga.

Para bajos valores de C_2/C_1 el rendimiento es muy bajo cuando R_2 está del lado de la carga sobre R_1, pero cuando en el circuito, la resistencia R_2 esta sobre R_1 del lado del generador el rendimiento es alto cuando la carga es nula y decrece gradualmente con el aumento de la relación C_2/C_1. En los generadores de impulso, con R_2 sobre R_1 del lado del generador, la relación C_2/C_1 es lo más elevada posible para obtener un alto rendimiento en tensión.

En el circuito simplificado de la fig. 1-9 (b), la resistencia crítica R para que el circuito no sea oscilatorio viene dada por

$$R = \sqrt{\frac{4L}{C}}$$

$$\frac{1}{C} = \frac{1}{C_1} + \frac{1}{C_2}$$

La tensión V a través de la carga capacitiva C_a es

$$V = \frac{CE}{C_2}\left[1 - \left(1 + \frac{2t}{CR}\right)e^{-2t/CR}\right]$$

Si la inductancia es reducida a cero queda

$$V = \frac{CE}{C_2}\left(1 - e^{-\frac{t}{CR}}\right)$$

El rendimiento de un generado puede ser estimado aproximadamente como el producto de la relación

$$\frac{C_1}{(C_1 + C_2)}$$

por un coeficiente de 0,95 para la forma de onda 1,2/50.

La máxima corriente (I) para una descarga no amortiguada de un generador en corto circuito puede ser calculada partiendo de la ecuación de la energía.

$$\frac{1}{2}LI^2 = \frac{1}{2}C_1V^2$$

$$I = \eta\sqrt{\frac{C_1}{L}}$$

Si el circuito es críticamente amortiguado, la corriente viene dada por la expresión

$$I = \frac{V}{e}\sqrt{\frac{C_1}{L}}$$

1.2.2. Circuito generador de impulso multietapas.

El circuito de una sola etapa no es adecuado para altas tensiones debido a las serias dificultades que se presenta para obtener altas tensiones en corriente continua. Marx implementó un circuito en el que en cierto número de capacitores son cargados en paralelo a través de una resistencia de carga y descargados en serie a través de un espacio disrruptivo.

Un generador Marx de cinco etapas es el de la fig. 1-11

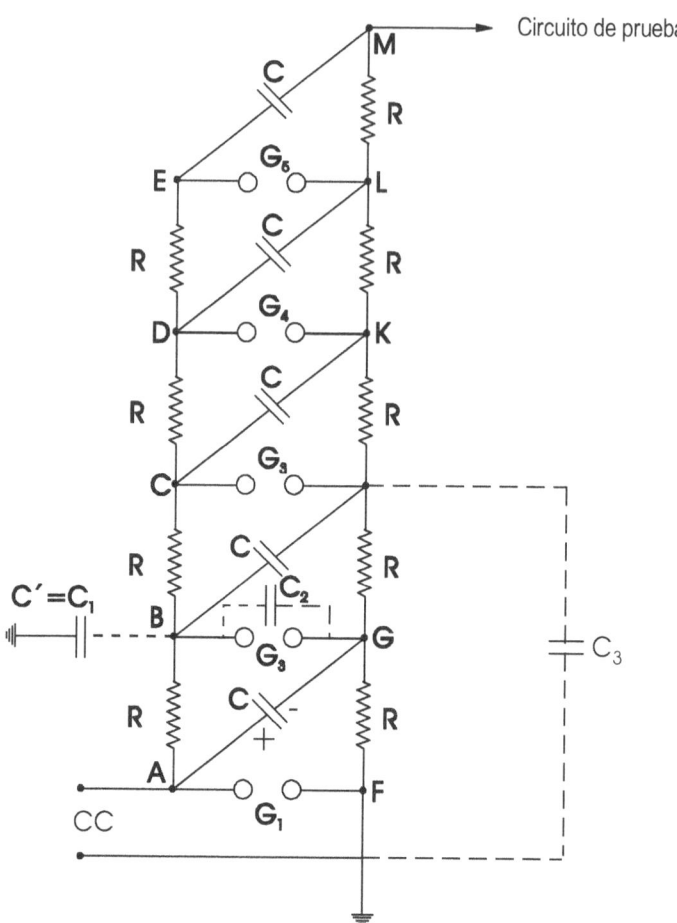

Figura 1.11. Circuito básico de un generador de impulso de cinco etapas.

En este circuito, los capacitores C se cargan en paralelo a través de la resistencia de alta tensión R. En el período de carga, los puntos A, B, C, D y E alcanzarán el potencial de la fuente, +V con respecto a tierra, y los puntos F, G, H, K, L y M permanecerán al potencial de tierra. La descarga del generador se inicia por la ruptura del espacio dieléctrico AF, la cual es seguida por la ruptura de los espacios dieléctricos restantes.

Cuando el espacio AF se cortocircuita el potencial sobre el punto A pasa de +V a cero y el del punto G de cero a -V debido a la carga del capacitor AG.

Si momentáneamente, la capacidad parásita C' es omitida, el potencial del punto B permanece en +V durante el intervalo en que se produce la descarga del espacio AF.

Luego, una tensión de 2 V aparece a través de BG lo que produce su inmediata descarga. Esta descarga crea un potencial 3 V a través de CH y su descarga inmediata. El proceso de descarga continua hasta que el potencial del punto M llega al valor de -5 V.

En efecto la tensión de carga de los capacitores -V va creciendo a -$2V$, -$3V$, ..., -nV si existen n etapas. La tensión de salida del circuito es de polaridad opuesta a la polaridad de la tensión de carga.

Las consideraciones anteriores demuestran que un generador multietapas puede ser operado eficientemente con prescindencia del número de etapas. En la práctica la operación eficiente consiste esencialmente que la descarga del primer espacio (G$_1$) produzca después, la descarga del segundo espacio (G$_2$).

Consideremos que la resistencia de apertura del circuito y las capacidades parásitas son despreciables frente a las capacidades de carga. El punto A se carga a +V. Después de la descarga de G$_1$, el punto B, inicialmente al potencial de tierra, alcanza el valor de -V, pero el potencial de B es fijado por las magnitudes selectivas C_1, C_2 y C_3 de acuerdo a la siguiente expresión

$$V_{BH} = V\left(\frac{C_1 + C_2}{C_1 + C_2 + C_3}\right)$$

La tensión a través del espacio (G$_2$)

$$V_{G_2} = V\left(1 + \frac{C_1 + C_2}{C_1 + C_2 + C_3}\right)$$

Si $C_2 = 0$, V_{01} alcanza el máximo valor de 2 V. Si C_1 y C_2 son nulas, V_G será igual a V_1, o sea el valor mínimo.

En apariencia, las condiciones más probables de operación de un generador se presentan cuando la capacidad del espacio disruptivo C_2 es pequeña y las capacidades parásitas C_1 y C_3 son grandes. Las condiciones impuestas en la expresión son transitorias como el comienzo de la descarga de los capacidades parásitas. En la práctica las capacidades parásitas son pequeñas y las constantes de tiempo son relativamente pequeñas, 0,1 μs o menos. La resistencia de control del frente de onda en un generador multietapas pueden ser conectadas externamente al generador, distribuidas dentro del generador, o parcialmente, en parte dentro del generador.

En los mejores circuitos cerca de la mitad de la resistencia es colocado fuera del generador.

Una ventaja de distribuir la resistencia del frente de onda dentro del generador es que se reduce la necesidad de una resistencia exterior capaz de soportar el máximo de la tensión de impulso. Si toda la serie de resistencias es distribuida dentro del generador, las inductancias y capacitancias de las conexiones externas y de la carga forman un circuito oscilante. Entonces es necesario colocar una resistencia externa para amortiguar las oscilaciones.

El método de colocar parte de la resistencia del frente de onda en serie con cada espacio entre esferas sirve como protección contra las descargas disrruptivas y resulta eficiente para amortiguar cualquier oscilación interna del generador. La resistencia de control de cola es generalmente usada como resistencia de carga dentro del generador.

Los generadores de impulso vienen caracterizados por la tensión total y el número de etapas y la energía almacenada. La tensión nominal de salida se establece por el producto de la tensión máxima de carga y el número de etapas. Las resistencias y las inductancias en serie con el generador y el circuito de prueba hacen que la tensión de salida sea menor que la nominal. La energía nominal del generador es definida como

$$\frac{1}{2}CgV^{2}$$

donde Cg es la capacitancia de descarga y V la tensión nominal máxima. La energía requerida varía según sea el objeto a ensayar. Para la prueba de un aislador o un atravesador, la energía del generador es pequeña, pero cuando se prueban objetos de baja impedancia como muchos transformadores la energía requerida es más grande.

1.2.3. Generador del impulso de maniobra.

Modernamente, los criterios para diseñar la aislación en sistemas de alta tensión son las sobretensiones de maniobra. Estas sobretensiones son definidas como una sobretensión de corta duración acompañando a los cambios de condición en el circuito, como ser apertura de un interruptor debido a fallas en el sistema.

Las sobretensiones de maniobra presentan una gran variedad de formas, magnitudes y duración correspondientes a una gran variedad de eventos iniciales. Para un evento en particular los parámetros son determinados al mismo tiempo por el sistema y las características de la maniobra proyectada.

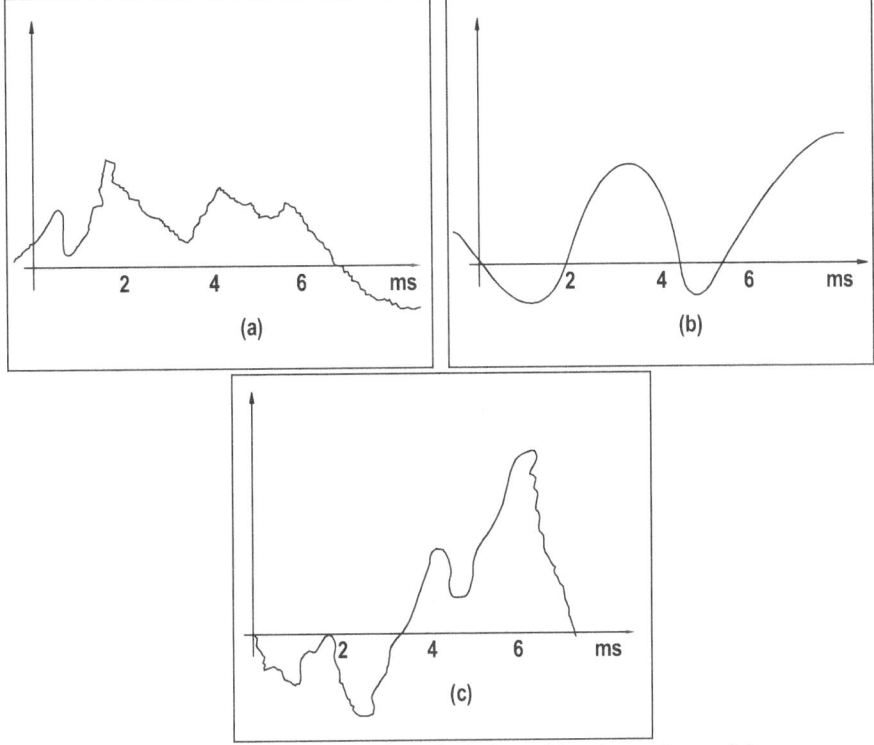

Figura 1.12. Típicas formas de onda de las subtensiones de maniobra

La forma puede ser unipolar, oscilatoria o totalmente irregular y puede estar superpuesta a la frecuencia nominal o a una subtensión temporaria. La fig. 1-12 muestra algunos ejemplos.

(a) Inicio de una falla
(b) Extinción de la falla
(c) Energización de la línea

El impulso de maniobra normalizado por las recomendaciones de la Comisión Electrotécnica Internacional tiene un tiempo de frente de 250 µs y un tiempo de cola de 2500µs, con formas alternativas de $100/2500\,\mu s$ y $500/2500\,\mu s$ La tolerancia en el valor de pico es de ±3 %, sobre el tiempo de frente de ±20 % y sobre el tiempo de cola de ±60 %.

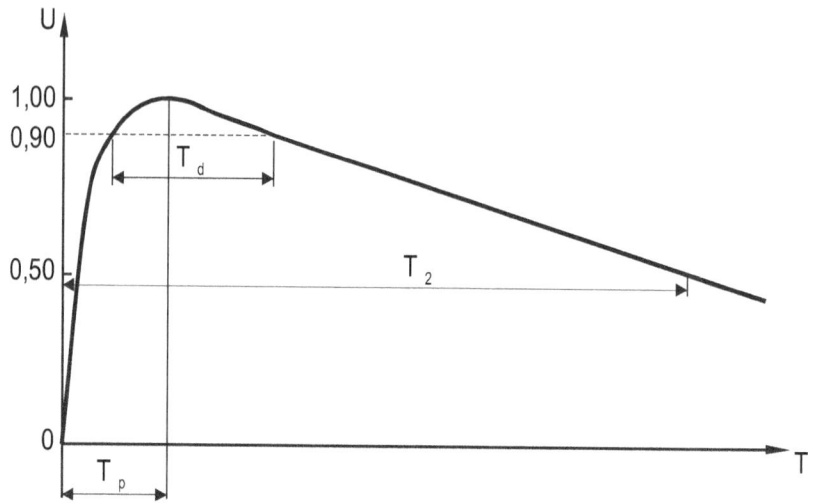

Figura 1.13. Forma de onda del impulso de maniobra según recomendaciones de la Comisión Electrotécnica Internacional.

Para obtener un impulso de tensión unidireccional con un frente de larga duración se han desarrollado diversos circuitos. En principio, estos circuitos son un generador de impulso apto para generar una tensión de impulso de diferentes formas de onda variando los parámetros del circuito de descarga.

Un circuito usado para generar impulso de maniobra es el de la fig. 1-14, la duración del tiempo de frente de la onda de tensión varia de 2μs a 300μs con un tiempo de cola selectivamente largo obtenido seleccionando varias combinaciones de los valores de los componentes del circuito.

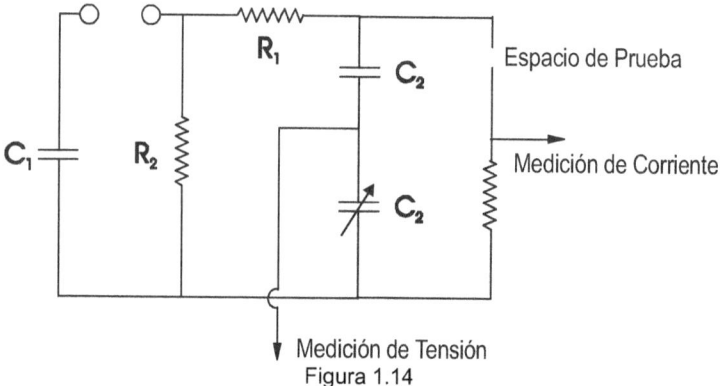

Figura 1.14

La fuente de tensión de un generador de impulso multietapas, para forma de onda 1,2/50, puede ser adaptada para generar impulsos de maniobra. Los diversos valores de la resistencia R_1 se obtienen cambiando únicamente la resistencia de frente externa del generador. Los valores diversos de R_2 son obtenidos modificando la resistencia de cola de las primeras etapas del generador.

Este circuito tiene la desventaja que la tensión de salida es fuertemente reducida por el alto valor de la resistencia en serie.

Otro circuito diseñado para obtener elevados picos de tensión es el de la fig. 1-15. En este método el capacitor de la fuente C_s se descarga a través del arrollamiento de baja tensión de un transformador de potencia. La alta tensión final del transformador se conecta a la capacitancia de carga C en paralelo con la resistencia R del divisor de potencial.

Luego, por la acción del transformado se obtiene un impulso de maniobra de amplitud muy grande.

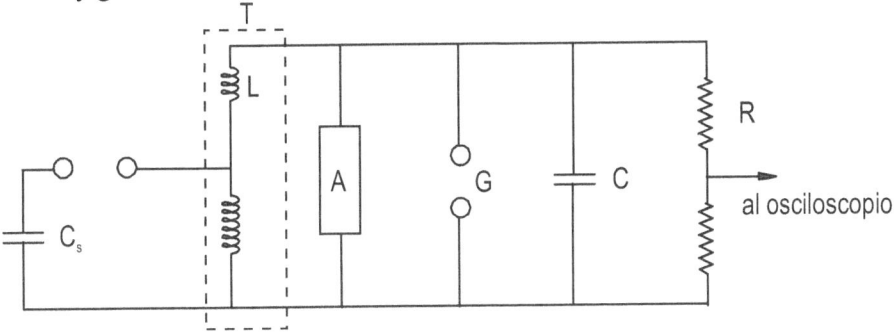

Cs   Fuente del generador.
C   Carga capacitiva.
R   Resistencia del divisor de potencial.
A   Aparato en prueba.
G   Esferas de medición.
T   Transformador de potencia.
L   Inductancia efectiva del transformador referida al arrollamiento de alta tensión.

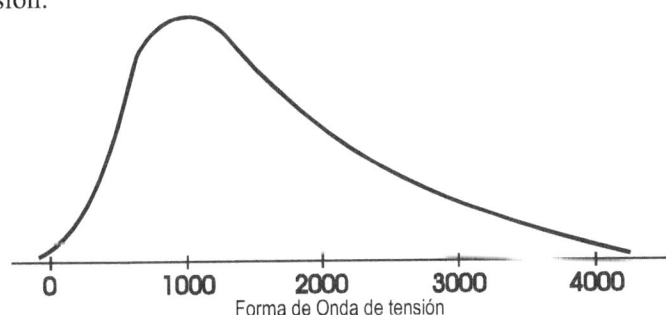

Forma de Onda de tensión
Figura 1.15. Circuito para ensayo con impulso de maniobra.

1.2.4. Generadores de alta frecuencia en alta tensión.

Los ensayos de alta frecuencia en alta tensión se realizan principalmente en equipamiento usado en ingeniería de comunicaciones donde la frecuencia representa las condiciones normales de operación. En ingeniería eléctrica, estas fuentes oscilatorias son solo utilizadas cuando hay necesidad de ensayar objetos con alta frecuencia.

En prueba de aisladores y atravesadores, donde el arco sobre la superficie debe mantenerse por un corto tiempo, se utilizan generadores de alta frecuencia en alta tensión.

Un circuito comúnmente usado para obtener alta frecuencia de oscilaciones amortiguadas en el de la fig. 1-16 donde la fuente de alta tensión es una bobina Tesla. Consiste en dos solenoides con núcleo de aire montados en forma concéntrica. La parte de alta tensión consiste en un bobinado de gran número de espiras montado sobre una forma de material aislante. La aislación entre arrollamiento puede hacerse con aire o con aceite. El arrollamiento de baja tensión tiene pocas espiras bobinadas sobre un material aislante. La parte de baja tensión de la bobina Tesla se conecta a la fuente a través de un condensador en aire C y las esferas de descarga G. La capacidad C_2 comprende la capacidad del bobinado de alta tensión, la de la carga y de las esferas usadas para la medición.

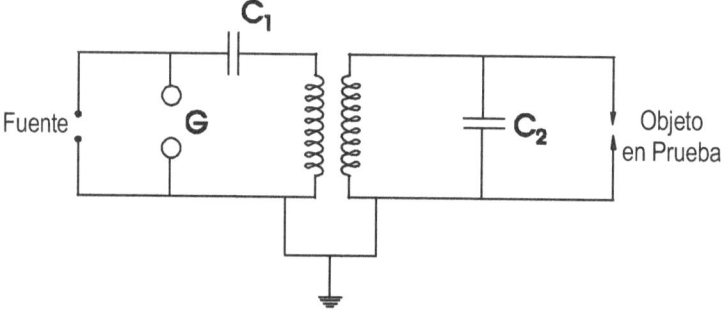

Figura 1.16.

El capacitor C_1 se carga a una tensión que depende de la tensión de la fuente y de la distancia del explosor G. cuando se produce la descarga a través de G, C_1 descarga y se produce una oscilación amortiguadora de alta frecuencia en el primero de la bobina Tesla. La frecuencia de oscilaciones viene dado aproximadamente por la expresión

$$f = \frac{1}{2\pi\sqrt{L_1 C_1}}$$

L_1 es la inductancia del circuito primario. El valor usual requerido para la frecuencia es alrededor de 100 kHz. Las oscilaciones de corriente en el primario inducen oscilaciones en el secundario Tesla. La frecuencia de las oscilaciones inducidas puede hacerse igual a la frecuencia de resonancia de dos circuitos, como ser $L_1C_1 = L_2C_2$, siendo L_2 la inductancia del circuito secundario.

Un análisis del circuito permite obtener las relaciones siguientes

$$\frac{V_2}{V_1} = \sqrt{\eta \frac{C_1}{C_2}}$$

V_1 Tensión máxima en C_1 cargado.
V_2 Tensión máxima en C_2 cargado.

η Eficiencia de energía transferida desde el capacitor del primario al circuito al circuito secundario.

El valor de η depende de la resistencia y las pérdidas dieléctricas del circuito.

La fuente de energía puede ser de corriente continua o de corriente alterna. En el caso de corriente alterna, el capacitor se cargará a la tensión pico dos veces por cada ciclo y la frecuencia de las descargas será de dos por ciclo.

1.3. Tensión continua.

La corriente continua se usa principalmente para investigaciones científicas. En la industria, su principal aplicación es en el ensayo de cables de una elevada capacitancia, los cuales probados con tensión alterna insumirían una intensidad de corriente muy grande. El ensayo con corriente continua puede resultar más económico y conveniente, pero experimentalmente se ha comprobado que la distribución de las solicitaciones dieléctricas es muy diferente a las condiciones normales de trabajo cuando el cable transmite energía eléctrica a baja frecuencia. El creciente interés en la transmisión de engría en alta tensión, en corriente continua, ha incrementado el número de laboratorios equipados para realizar ensayos de alta tensión en corriente continua.

1.3.1. Circuitos dobladores de tensión.

La corriente continua en alta tensión se obtiene generalmente por la rectificación de la corriente alterna. Para tensiones del orden de 100 kV y de baja intensidad de corriente de salida, el tamaño del transformador de alta tensión puede ser considerablemente reducido usando rectificadores de corriente de alta frecuencia, de 30 kHz a 100 kHz producidos por osciladores eléctricos.

Un circuito simple de rectificación de media onda es el de la figura 1-17 cuando el rectificado conduce, la capacidad de carga C_L se carga a la tensión máxima $V_{máx.}$ de la salida del transformador de AT.

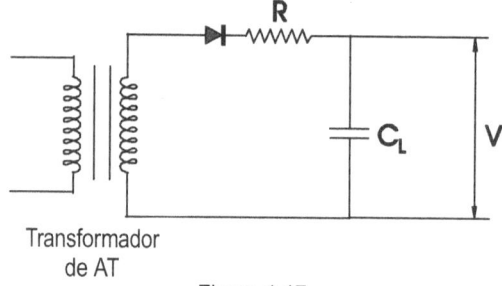

Transformador
de AT

Figura 1.17.

En el próximo semiciclo de la tensión alterna, la tensión a través de C_L se mantiene igual a la tensión en los terminales de AT o sea $V_{máx}$. El circuito rectificador debe ser diseñado para soportar la tensión pico de 2 $V_{máx.}$ y protegido contra las corrientes excesivas por medio de la resistencia R insertada en el lado de A.T.

La rectificación de onda completa R se obtiene por medio del circuito mostrado en la fig. 1-18.

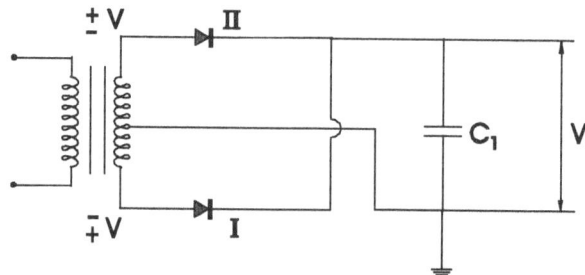

Figura 1.18.

Durante el semiciclo en el que el diodo II conduce, el capacitor C_1 se carga a la tensión $V_{máx}$ Con la polaridad indicada en la figura. Durante el próximo semiciclo en el que el diodo I conduce el capacitor C_1 se carga a la tensión $V_{máx}$ con polaridad indicada. El rectificar deberá soportar una tensión de 2 $V_{máx}$.

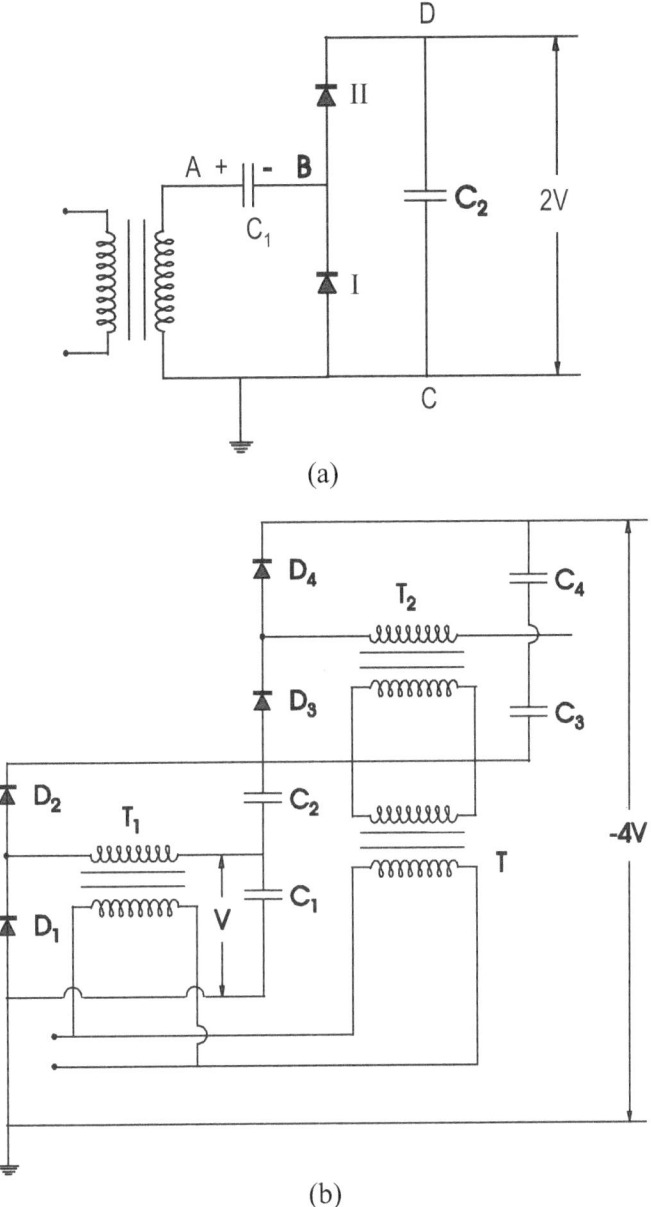

Figura 1.19.

Un circuito doblador de tensión es el de la fig. 1-19 (a). Cuando el punto A es negativo el capacitor C_1 se carga a la tensión V. A medida que el potencial de A sube, el de B también lo hace hasta que toma el valor de $2V$.

Estos circuitos conectados en serie, fig. 1-19 (b), producen a la salida tensiones duplicadas. Los diodos D_1 a D_4 están todos en serie y la distribución de potencial a través de todos los rectificadores es uniforme, igual que en los capacitores C_1 a C_4. El segundo transformado de AT, T_2 es alimentado a través de un transformador de aislación T.

1.3.2. Circuito generador en cascada.

El primer generador en cascada es el de **Cockcroftwalton** cuyo circuito se muestra en la fig. 1-20.

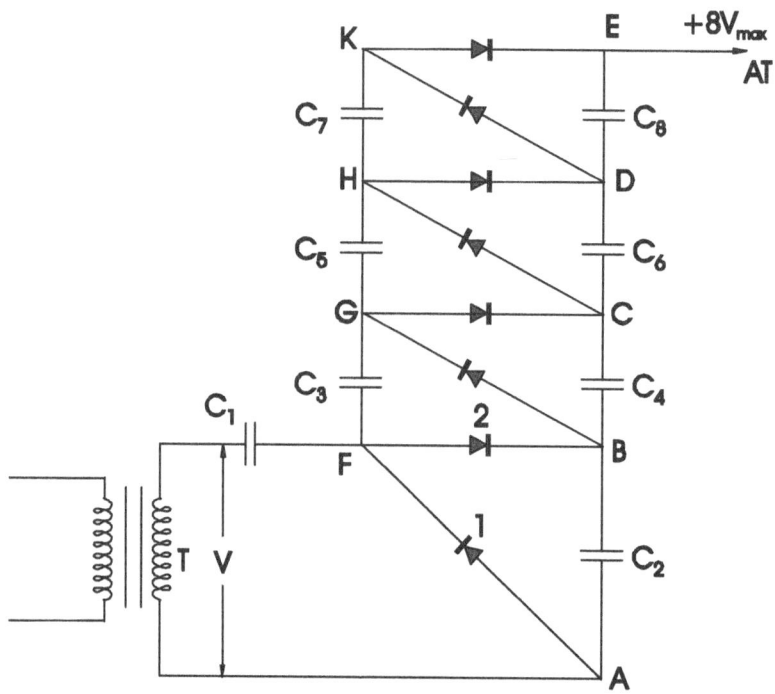

Figura 1.20.

La porción FTA es un circuito rectificador de media onda y cuando el diodo conduce, el capacitor C_1 se carga a la tensión $+V_{máx}$.

El potencial del punto F respecto de tierra oscilará entre cero y $+2\ V_{máx}$ y el capacitor C_2 se carga a $+2\ V_{max}$ a través del diodo 2. El punto B, luego, se mantiene al potencial de $+2V_{max}$ y la tensión aplicada a C_3 vía el diodo 3 varía entre $+2\ V_{máx}$ y cero. Luego C_3 se carga a $+2\ V_{máx}$.

El potencial del punto G oscila entre $+2\ V_{máx}$ y $+4\ V_{máx}$ y el capacitor C_4 se carga a través de diodo 4 a $+4\ V_{max}$.

El potencial de C respecto de tierra toma el valor $+4\ V_{máx}$. El resto del circuito es una implementación en cascada y los puntos B, C, D y E toman sucesivamente los potenciales de $+2\ V_{máx}$ $+4\ V_{máx}$ $+6\ V_{máx}$ y $+8\ V_{máx}$.

El uso de varias etapas de esta forma permite obtener muy alta tensión en corriente continua.

Cada diodo rectificador y cada capacitor debe estar preparado para soportar el doble de la tensión de salida del transformador.

1.4. Bibliografía

- Kuffeland, E., Abdullah, M. *High Voltage Engineering*. Pergamon Press.
- Diesendorf, W. *Insulation Co-ordination in Hight Voltage Electric Systems*. Butterworths.
- Holtz, A. *Técnica de la Alta Tensión*. Labor
- Howley, W. E. *Impulso Voltage Testing*. Diamont.
- Hurper, E. *Técnica de las Altas Tensiones*. Limusa.

2

Divisores de Tensión

Un divisor de tensión consiste en dos impedancias Z_1 y Z_2 conectadas en serie, sobre los cuales se aplica la tensión a ser medida. Los dos componentes constitutivos del divisor de tensión forman el brazo de alta tensión y el brazo de baja tensión. El valor de tensión medida sobre el brazo de baja tensión Z_2 multiplicado por la relación de división K da el valor total de la tensión a medir, figura 2-1.

Z_1 y Z_2 pueden ser resistencias, capacidades o combinación de ambas. Esto da origen a divisores resistivos, capacitivos o mixtos. Las características de uno y otro tipo se diferencian de acuerdo a su aplicación, a la frecuencia y al nivel de tensión a medir.

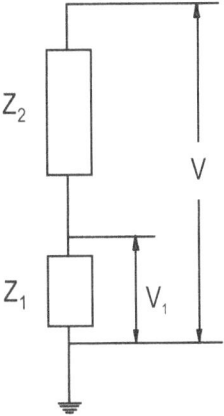

Figura 2.1.

$$K = \frac{V_1}{V} = \frac{Z_1 + Z_2}{Z_2}$$

Generalmente $Z_1 >> Z_2$ siendo el valor de Z_1 lo más alto posible para no modificar las condiciones del circuito a medir.

En alta tensión la relación Z_1/Z_2 es muy elevada y si este hecho es tenido en cuenta en la construcción, el error que puede aparecer no tiene consecuencias dado que la impedancia total del divisor es prácticamente igual a la del brazo de alta tensión, esto aplicado particularmente para la estimación del error de fase donde la constante de tiempo del divisor es asumida como la diferencia entre las constantes de tiempo de Z_1 y de Z_2.

Como la relación del divisor depende solamente de Z_1 y Z_2, teóricamente no hay razón para que dichas impedancias sean invariables, dado que ambas están igualmente afectadas por las variaciones de tensión, de temperatura y cambio es su valor por efecto del tiempo. En la práctica resulta difícil conseguir grandes variaciones de Z_1 y Z_2 manteniendo la misma relación por lo que es aconsejable utilizar impedancia de alta estabilidad.

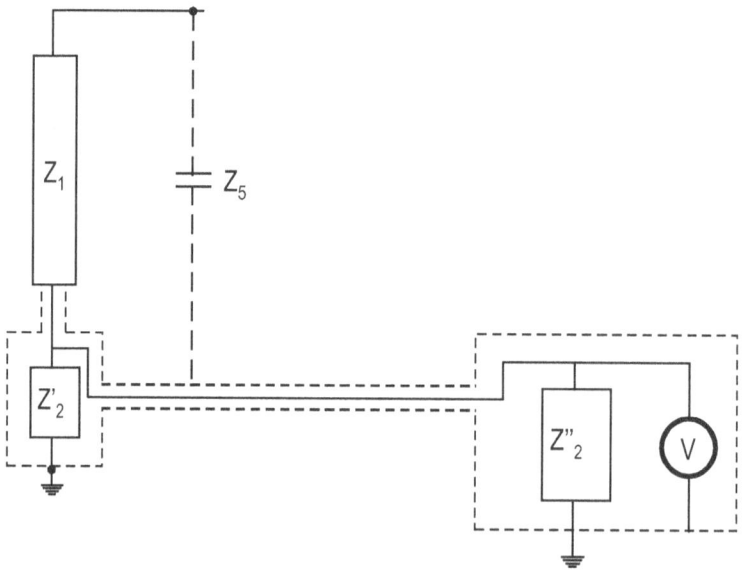

Figura 2.2.

Como el brazo de alta tensión esta sometido a niveles de tensión peligrosos y a altos gradientes de potencial, los instrumentos de medición, y los observadores deben ubicarse a considerable distancia. El brazo de baja tensión y la unión de este con el brazo de alta tensión deben ser blindados a los efectos de evitar la influencia de la impedancia parásita Z_s, en paralelo con Z_1, figura 2-2.

Los componentes constitutivos del brazo de baja tensión debe ser colocado en la parte final del lazo de blindaje. La capacidad de dicho lazo y la impedancia de los instrumentos de medición deben ser tenidas en cuenta en la determinación de Z_2. Uno de los terminales es normalmente masa y conectado al brazo de baja tensión del divisor.

Un divisor de tensión consiste normalmente en dos resistencias o dos capacitores, algunas veces de una combinación de resistencias y capacitores en serie o en paralelo. El tipo de divisor depende fundamentalmente del tipo de tensión a medir, continua, alterna, o de impulso.

2.1. Divisores para la medición de tensión en corriente continua.

El divisor resistivo es el generalmente usado para la medición de tensión continua. El *riple* superpuesto a la tensión continua puede ser registrado por medio de un divisor capacitivo de igual relación conectado en paralelo con el divisor resistivo.

Deben tomarse precauciones para el caso en que se presenten tensiones con el frente muy escarpado, como en la aplicación de un cortocircuito, donde puede aparecer una sobretensión momentánea que alcance a dañar el brazo de alta tensión del divisor. Esta sobretensión se ve muy reducida si el resistor es construido en forma de columna vertical con la base a tierra y disco libre de efecto corona en la parte superior o un electrodo circular de diámetro igual a la altura.

Las fuentes de corriente continua en alta tensión son de potencia de salida limitada solo aptas para mediciones donde la corriente no excede 1 mA, por ello se hace necesario utilizar resistencia de muy alto valor y unidades que tengan montadas las resistencias en tal forma que resulten libres de descarga de corona.

El coeficiente de temperatura del material de las resistencias deben ser lo más bajo posible y la corriente de fuga a través de los soportes prácticamente despreciable.

En la construcción de las resistencias se usan alambres desnudos o en forma de película. Experiencias recientes han demostrado que el alambre desnudo es preferible cuando se requiere una alta estabilidad.

2.1.1. Resistencia de alambre desnudo.

La composición aproximada y la resistividad de los materiales empleados en las resistencias es el siguiente

1) 60 % Cu- 40 % Ni   48 x 10^{-8} (Ωm)

2) 85 % Cu- 12 % Mn - 2 % Ni $43 \times 10^{-8} \ (\Omega m)$

3) 80 % Ni- 20 % Cr $108 \times 1010^{-8} \ (\Omega m)$

4) 73 % Ni- 21 % Cr- 2 % Cu, Fe $130 \times 1010^{-8} \ (\Omega m)$

Para bajos valores de resistencia y alta estabilidad, con conexiones soldadas, se prefiere materiales del ítem 1.

Cuando se usa alambre esmaltado es importante que el bobinado sea hecho sobre soportes libres de esfuerzos. Con este propósito se han diseñado unidades de 100 kV, 100 MΩ bobinado con materiales del ítem 4, con un diámetro de alambre de 10 μm a 50 V/mm de un largo de 380 mm sobre un tubo de vidrio de 100 mm de diámetro. Las unidades de 100 MΩ se conectan en serie. Figura 2-3.

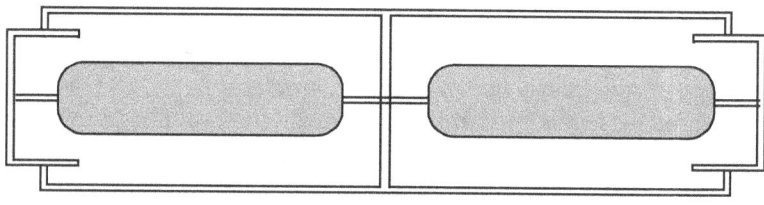

Figura 2.3.

Para conseguir resistores libres de efecto corona se sumerge el conjunto en aceite aislante. El buen diseño consiste en una serie de bobinas en forma de disco con alambre de 50 μm de diámetro. Se puede llegar a construir divisores de 500 kV sin dificultad.

2.1.2. Películas resistivas.

En este tipo de resistor el material conductor es depositado en forma de película conductora sobre una superficie de vidrio o cerámica, de forma cilíndrica o tubular, donde se fijan las conexiones y la cobertura protectora.

Los altos valores de resistencia se obtienen variando el espesor de la película que queda limitado por la inestabilidad de los pequeños espesores.

El coeficiente de temperatura y la estabilidad por tiempo prolongado depende del espesor de la película y de las materiales del cilindro o tubo.

Las resistencias peliculares de alta estabilidad son construidas en pequeñas unidades de 1 W, aproximadamente de 25 mm de largo y 6 mm de diámetro para una tensión máxima de 1 kV. Están diseñadas para condiciones de funcionamiento muy severas, choques mecánicos, alta humedad y temperatura ambiente hasta 70° C. Una resistencia de alta tensión más conveniente y económica se consigue montando un cierto número de cilindros de 1 W en formación espiral, sobre un soporte aislante. Se recomienda unidades de 2 MΩ, 1 W, 1 kV.

Para la construcción de grandes unidades se recurre a la colocación en serie de pequeñas unidades como las descriptas anteriormente. De esta forma se consiguen divisores de 100 W con un tubo cerámico de 460 mm de largo y 50 mm de diámetro.

Tienen la ventaja que en el caso de daños que pueden producirse, no es necesario remplazar la unidad completa.

2.2. Divisores para medición de tensión en corriente alterna.

En el caso de corriente alterna Z_1 y Z_2 son, en general impedancias con una parte resistiva (R_1, R_2) y una parte reactiva (X_1, X_2) por lo que la constante del divisor es

$$K = \sqrt{\frac{\left(R_1 + R_2\right)^2 + \left(X_1 + X_2\right)^2}{R_2^2 + X_2^2}} \; \tan^{-1}\frac{\left(X_1 + X_2\right)}{\left(R_1 + R_2\right)} - \tan^{-1}\frac{X_2}{R_2}$$

Para asegurar la reproducción de la fase de la tensión aplicada es necesario una igual relación reactancia-resistencia en las ramas del divisor.

Si la tensión tiene una forma de onda aproximadamente sinusoidal y si la medición es requerida con un error de X por ciento, un error de fase de

$$\frac{\sqrt{X}}{7} \text{ radianes}$$

es tolerable en el divisor.

2.2.1. Divisor resistivo

La limitación de potencia de la fuente de tensión no impone un alto valor de resistencia como en el caso de corriente continua.

La rama de alta tensión consiste en muchas elementos resistivos conectados en serie. No hay dificultad en hacer que la inductancia y la capacidad de los elementos sean suficientemente pequeñas para que el error de fase no exceda de 10^{-4} radianes.

La influencia de la capacidad con respecto a tierra Ce sobre la impedancia efectiva puede ser considerada, como caso general, como de una impedancia Z y una admitancia Y uniformemente distribuidas a lo largo de la columna. Las corrientes i_0 e i_1 a tierra y la alta tensión final del conjunto con la tensión aplicada V son

$$i_0 = \frac{V}{Z} \cdot \frac{\alpha}{senh\alpha} \qquad\qquad [2.1]$$

$$i_1 = \frac{V}{Z} \cdot \frac{\alpha}{\tanh\alpha} \qquad\qquad [2\text{-}2]$$

$$\alpha^2 = Y \cdot Z$$

Para el caso de que $Z = R_1$; $Y = j\omega Ce$ y la impedancia efectiva del conjunto viene derivada por expansión de las funciones hiperbólica de las ecuaciones [2.1] y [2.2] queda.

$$Z_1 = R_1\left(1 + \frac{j\omega R_1 Ce}{6} - \frac{2\omega^2 R_1^2 C_e^2}{120} + ...\right) \qquad\qquad [2\text{-}3]$$

con respecto a tierra

$$Z_2 = R_1\left(1 - \frac{j\omega R_1 C_e}{3} - \frac{2\omega^2 R_e^2}{15} - ...\right) \qquad\qquad [2\text{-}4]$$

con respecto a la alta tensión final.

Para pequeños valores de α, el primer efecto de Ce es tan importante como R_1 en el error de fase correspondiente a una constante de tiempo positiva de R_1 $Ce/6$ con respecto a tierra y una constante de tiempo negativa de R_1 $Ce/3$ con respecto a la alta tensión final.

A estas constantes se le adiciona una pequeña constante de tiempo por la existencia en R de autoinducción y capacitancia.

Concentrando la atención ahora en la impedancia vista desde el terminal de tierra, el efecto de segundo orden de Ce es modificar el modulo de Z_1, lo cual, de acuerdo a la ecuación [2.3] es aproximadamente

$$R_1 \left[1 + \frac{\left(R_1^2 C_e^2 \omega^2 \right)}{180} \right]$$

ó

$$R_1 \left(1 + \frac{\theta^2}{5} \right)$$

donde θ es el error de fase en radianes por efecto de la capacitancia Ce.

El error de fase debe ser compensado por medio de capacitancias en paralelo con R_1 o con capacitancias sobre la parte de alta tensión procurando una distribución uniforme a lo largo de resistor. En ambos casos el modulo de Z_1 se verá reducido en aproximadamente

$$R_1 \left(1 - 1,4\theta \right)$$

Para altos valores de α, α/senh α y α/tanhα tienden a cero y a infinito respectivamente. Por lo tanto un elevado valor del producto $R_1 Ce\omega$ en divisor resistivo es totalmente inadecuado y por esta razón los divisores resistivo están limitados en potencia y frecuencia.

Resistor no blindado

Se han llegado a utilizar divisores resistivos no blindados de 1 MΩ y una tensión de 75 kV.

El elemento resistivo es de manganina de 0,2 mm de diámetro con arrollamiento no inductivo sobre un tubo de porcelana de 500 mm de largo y 40 mm de diámetro, arrollado en capas espaciadas de material aislante cuya forma permite la circulación del aire. Los tubos son montados en seis unidades, cuatro de 200 kΩ y dos de 100 kΩ lo que hace un largo total de 5m.

La altura total y el error de fase se reducen cuando todas las unidades en serie son colocadas en dos columnas iguales espaciadas 300 mm, una de las cuales está aislada de tierra para la unidad de la tensión de prueba. En estas condiciones el error de fase estimado es de 0,006 radianes a 50 Hz. La capacitancia respecto de tierra resulta compensada por las corrientes que circulan en las dos ramas.

Resistor blindado.

Si la resistencia R_1 tiene la capacitancia Cs uniformemente distribuida, rodeada por un blindaje y manteniendo el potencial principal sobre el resistor, la impedancia efectiva viene dada por

$$Z_1 = R_1 \left[1 - \frac{(j\omega R_1 Cs)}{12} - \frac{R_1^2 C_s^2 \omega^2}{120} + \cdots \right] \qquad (2\text{-}5)$$

El error de fase con respecto al terminal de tierra del resistor causado por la capacidad a tierra Ce es de signo opuesto con respecto al resistor sin blindaje. Como la capacidad Ce debe ser grande, la reducción en la magnitud del error de fase puede ser del orden del 50% por composición de las ecuaciones [2-3] y [2-5]. Si el resistor es dividido en pequeñas unidades idénticas mantiene las mismas características que el resistor sin blindaje. El error de fase de las unidades y del resistor completo pueden ser reducidos a niveles muy bajos.

El avance obtenido en el uso de múltiples blindajes no se ha extendido a la alta tensión debido a los errores de relación y de fase del resistor auxiliar, el cual hace que el potencial del blindaje pueda ser causa del principal error que es mas grande que el del resistor no blindado.

2.2.2. Divisor capacitivo.

El divisor resistivo, debido a la potencia de pérdidas y a la capacidad respecto a tierra esta limitado a 100 kV y 50 Hz. El divisor capacitivo no presenta esa desventaja y puede ser usado en alta tensión

El capacitor de baja tensión C_2 consiste normalmente en una unidad fija de alta estabilidad y bajas pérdidas, aunque algunas veces se utiliza capacitores con dieléctrico de papel impregnado en aceite para mediciones de poca exactitud. En general debe ser shuntado por una resistencia R_z de alto valor para evitar la acumulación de cargas sobre C_z. En este caso hay una reducción de

$$\frac{50}{(R_2 C_2 \omega)^2}$$

por cierto en la magnitud de la tensión sobre C_z y un aumento en el error de fase de $1/(R_2 C_2 \omega)$ radianes, pero el efecto es pequeño.

Existen dos tipos de divisores capacitivos, blindados y no blindados. En su forma son esencialmente a tres terminales, un cuarto terminal algunas veces y en otros casos el electrodo de blindaje de baja tensión.

Capacitor blindado.

Para tensiones hasta 30 kV, pico, los capacitores de placas paralelas son comercialmente usados.

Cuando son llenados con un muy cuidadoso secado tienen factor de potencia nulo y alta estabilidad en el valor de la capacitancia.

En alta tensión puede utilizarse un capacitor con electrodo coaxial cilíndrico en la parte de alta tensión. El otro electrodo cilíndrico viene enchufado en los extremos para excitar las descargas.

El electrodo de baja tensión puede ser interior al otro cilindro. Si este electrodo es ubicado en una región libre de efectos por medio de un espacio estrecho que separa la extensión del blindaje del electrodo final, la capacidad C_1 se calcula así:

$$C_1 = \frac{\dfrac{111,26}{\varepsilon}}{2\log\dfrac{r_1}{r_2}}\left[pF\right]$$

l longitud efectiva del electrodo de baja tensión (m).

r_1 radio interior (m).

r_2 radio exterior (m).

ε permitividad relativa del dieléctrico.

El máximo esfuerzo sobre el dialéctico ocurre sobre la superficie del electrodo interior y para una tensión dada y forma del otro cilindro es mínimo cuando

$$\frac{r_1}{r_2} = e = 2,718$$

Para una pequeña excentricidad d_r de los cilindros la capacidad es mas grande que la dada por la expresión anterior y es afectada por el factor:

$$\frac{dr^2}{\left(r_1^2 - r_2^2\right)} = \frac{dr^2}{6{,}4r_2^2}$$

Con una superficie de electrodos, libre de polvo y fibras, y aire seco a densidad normal, el gradiente de tensión de 14 kV (pico) por centímetro puede ser obtenido sin que ocurran descargas indeseables o variaciones del factor de potencia.

Capacitor no blindado.

En los laboratorios, se utilizan una gran variedad de capacitores no blindados formados por pares de esferas o cilindros de unidades idénticas como componentes de divisores capacitivos de alta tensión.

Si la capacidad serie del conjunto es C_1 y la capacidad respecto a tierra es Ce, sustituyendo Ce/C_1 por α^2 en las ecuaciones [2.1] y [2.2], con Ce no mas grande que C_1 al efecto aproximado en el decrecimiento respecto a tierra es $Ce/6$ y el incremento efectivo en el otro termina es $Ce/3$.

En corriente alterna y particularmente en alta frecuencia son necesarios capacitores libres de descarga y bajo factor de potencia. La figura 2-4 muestra un capacitor de 100 pF compuesto por 20 unidades de 2000 pF en forma de disco con dieléctrico de película de pollastre en un *tubo perspex* fijado en una base metálica, prevista para ser usada para mediciones hasta $40\sqrt{2}$ kV(pico)

En los sistemas de potencia de alta tensión, la capacitancia incorporada en los atravesadores de los transformadores de corriente es muy usada y funciona como un divisor de tensión cuando se miden o registran las alternancias o tensiones transitorias en rutina, con planificados ensayos de interrupción del sistema. En estos casos el conductor del equipo de línea debe ser aislados con resinas o papel impregnado en aceite.

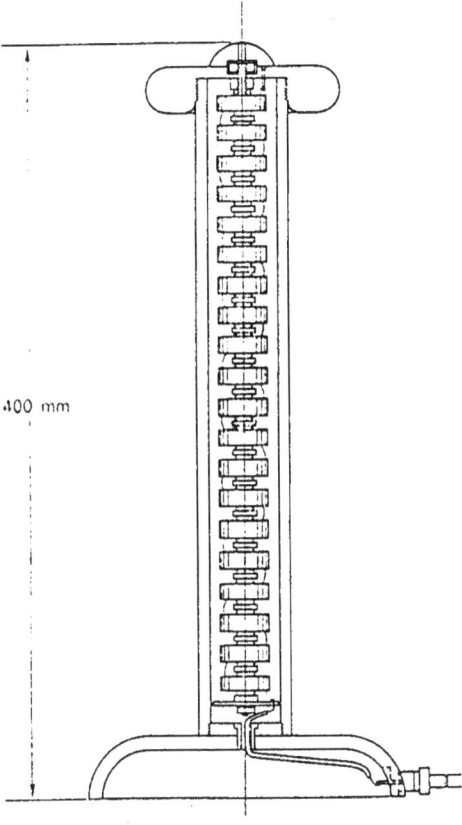

400 mm

Figura 2.4.

2.2.3. Transformadores de tensión.

Los transformadores de tensión son extensamente usados en sistemas de potencia, donde se permite el uso de relés e instrumentos de relativa baja impedencia en el secundario aunque no reproducen totalmente la forma de onda de la fuente.

La tensión Vs en el secundario es proporcional en amplitud y fase a la tensión primaria Vp. El error de relación es $100 \times (K_n \, Vs\text{-}Vp)$ donde K_n es la relación normal entre primario y secundario de las respectivas tensiones.

El error de fase es el ángulo entre los vectores primario y secundario, viene dado en minutos o segundos y es positivo cuando el secundario adelanta al primario.

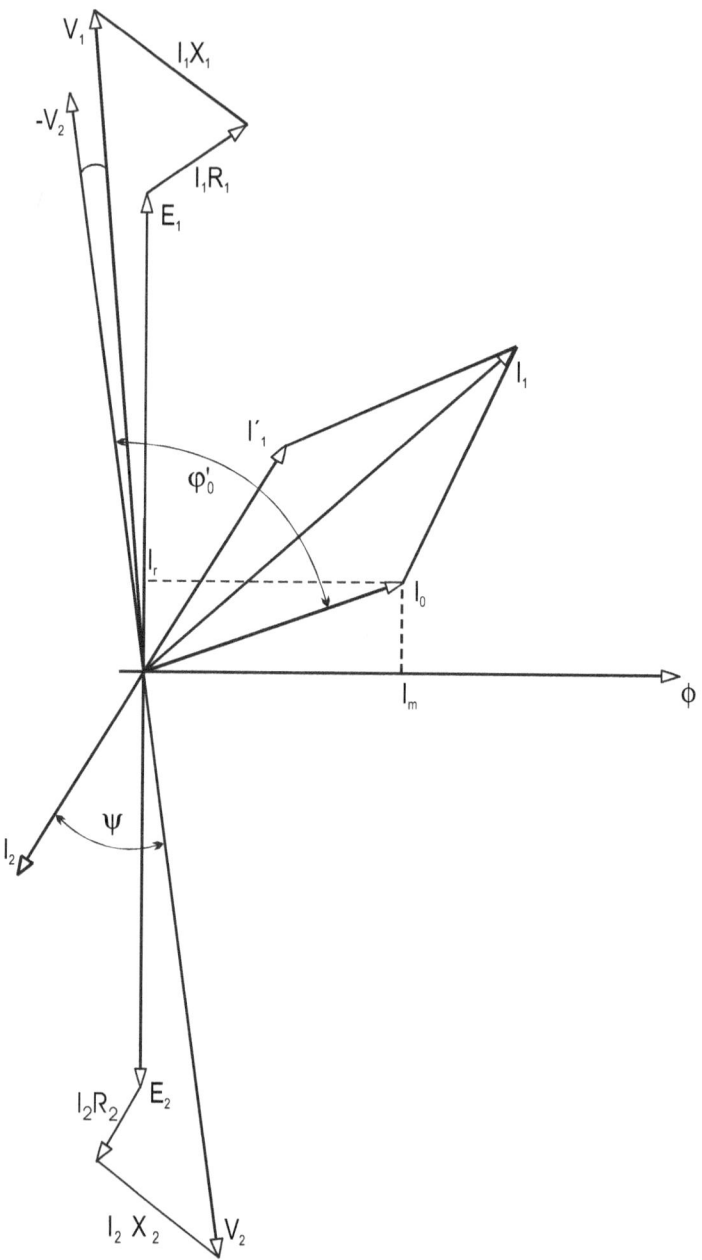

Figura 2.5

En los sistemas trifásicos en los que se usan transformadores de tensión, pueden utilizarse tres unidades monofásicas.

Consideramos ahora un estudio mas detallado sobre las características y convenciones que regulan los transformadores de tensión. Haciendo referencia al diagrama vectorial de la figura 2-5 es posible notar.

1. La relación entre la tensión primaria y la tensión no es constante, y es función de la corriente de vacío y del valor de la corriente secundaria del transformador.

2. Los vectores de las tensiones primaria y secundaria están desfasadas entre si un ángulo cuyo valor es función de la corriente de vacío y de la corriente de carga.

Con lo expuesto se pueden definir claramente los errores de relación y de fase. El error de relación es:

$$\eta\% = 100\frac{Kn - K}{K}$$

η error relativo de relación.

K_n relación nominal de transformación.

K relación real de transformación.

El error de fase viene expresado en radianes (ε) o en grados del ángulo de fase existente entre el vector de la tensión primaria y el de la tensión secundaria invertido, por lo cual el error es positivo cuando la tensión secundaria cambiada de signo está en adelanto con la tensión primaria.

En la figura 2-6 se representa un circuito equivalente de un transformador de tensión en el cual todas las magnitudes que intervienen están referidas al primario.

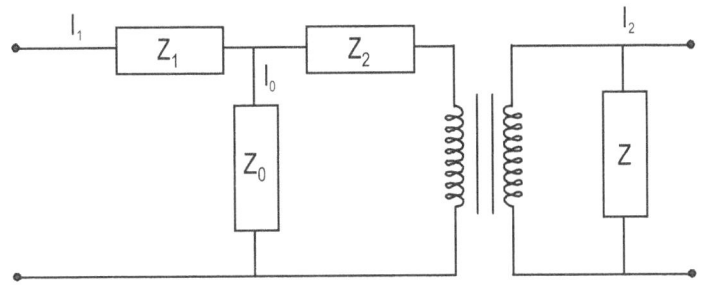

Figura 2.6

$$K_s = \frac{n_1}{n_2}$$

Z_1 independencia de dispersión del primario

Z_2 independencia de dispersión del secundario

Z independencia de carga

Z_0 valor de la independencia correspondiente a la corriente de vacío

Consideramos como primera condición que el transformador funciona en vacío. En esta condición tenemos una sola caída de tensión $V_0 = Z_1 I_0$, sobre los componentes $R_1 I_0$ en fase con I_0 y $X_1 I_0$ en cuadratura con I_0.

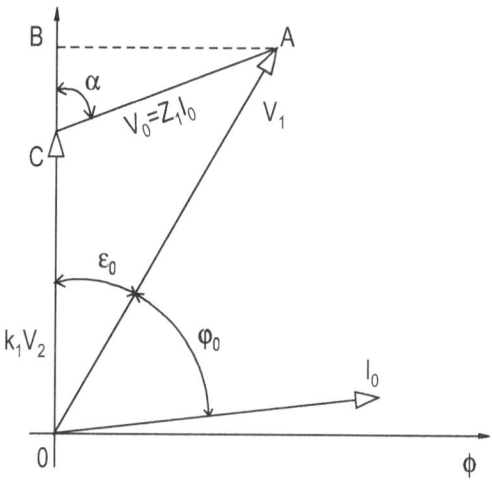

Figura 2.7.

El valor del error de relación absoluto del transformador de tensión, teniendo en cuenta la relación nominal viene dado por

$$A = K_n V_2 - V_1$$

El error relativo es

$$\eta = \frac{K_n - K}{K}$$

Teniendo en cuenta que el ángulo ε_0 es de magnitud muy pequeña se puede escribir

$$V_1 = \overline{OA} \cong \overline{OC} + \overline{CB} = K_2 V_2 + V_0 \cos \alpha$$

$$\alpha = \varphi_0 - \varphi_1$$

φ_1 ángulo de la impedancia de dispersión primaria.

$$\eta = \frac{K_n V_2 - K_s V_2 - V_0 \cos\alpha}{K V_2} \approx \frac{K_n - K_s}{K_n} - \frac{V_0}{V_1}\cos\alpha$$

El error relativo esta compuesto por dos términos, el primero es constante y el segundo en función de la tensión, no siendo la corriente de vacío proporcional a la tensión primaria V_1 a causa de la presencia del eslabón magnético.

El error de fase, siendo pequeño el ángulo ε_0, puede decirse que es el siguiente

$$\varepsilon_0 \approx \mathrm{sen}\,\varepsilon_0 = \frac{Z_1 I_0}{V_1}\,\mathrm{sen}\,\alpha = \frac{V_0}{V_1}\,\mathrm{sen}\,\alpha$$

Ocurre que el error de fase y el error de relación son proporcionales a los segmentos $\overline{CB}$ y $\overline{AB}$. Pasemos ahora a examinar el transformador de tensión bajo condiciones de carga y referirlo al diagrama vectorial de la figura 2-8.

El error relativo es

$$\eta \approx \frac{K_n - K_s}{K_s} - \frac{V_0}{V_1}\cos\alpha - \frac{V_{cc}}{V_1}\cos\beta$$

$$V_{CC} = (Z_1 + Z_2) I_1^1 = Z_{CC} I^1$$

$$\beta = \varphi - \varphi_{cc}$$

El ángulo φ_{CC} es el ángulo de fase de la impedancia de cortocircuito. Para el error de fase permanece valida la expresión

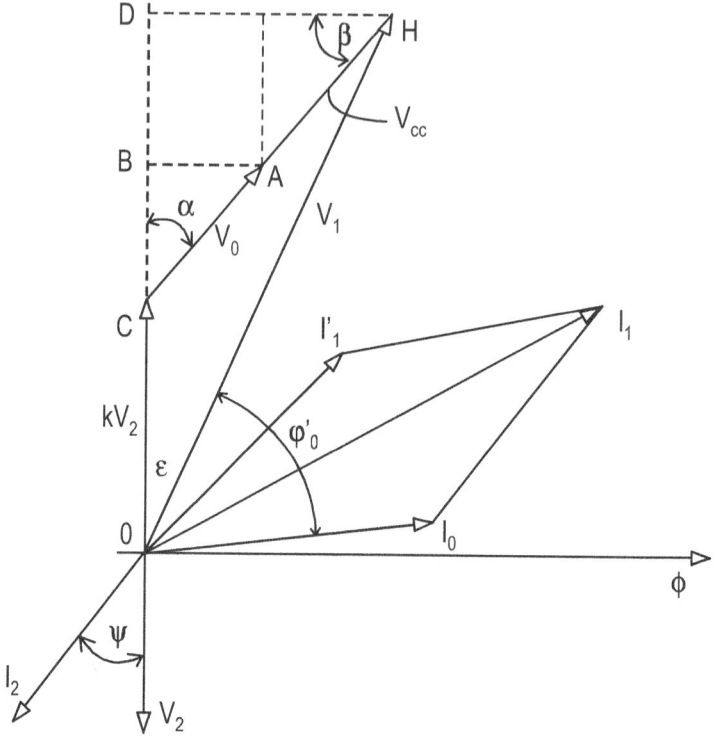

Figura 2.8.

$$\varepsilon \approx \operatorname{sen}\varepsilon = \frac{v_0}{v}\operatorname{sen}\alpha + \frac{v_{CC}}{v_1}\operatorname{sen}\beta$$

Para un transformador de tensión dado se puede decir que los términos

$$\frac{v_0}{v_1}\operatorname{sen}\alpha$$

y

$$\frac{v_0}{v_1}\cos\alpha$$

son constantes aunque varíe la carga como obviamente se desprende del término

$$\frac{k_n - k_s}{k_s}$$

Se llega a la conclusión que para una cierta tensión de alimentación, el error de relación y el error de fase dependen de la carga y de su factor de potencia.

De la representación vectorial de la figura 2-8 se puede determinar que la cantidad real representa el error de relación y la cantidad imaginaria, en cuadratura respecto a $K_s V_2$, representa el error de fase, con lo que se puede definir el error complejo (E) que comprende el error de relación y el error de fase en la expresión

$$E = \left(\frac{K_n - K}{K_n} - \frac{V_0}{V_1} \cos\alpha \frac{Vcc}{V_1} \cos\beta \right) + j\left(\frac{V_0}{V} \, \mathrm{sen}\,\alpha + \frac{Vcc}{V_1} \, \mathrm{sen}\,\beta \right)$$

Si se tiene en cuenta que el error en vacío es constante

$$E = E_0 - \frac{V_{CC}}{V_1} \cos\beta + j\frac{V_{CC}}{V_1} \, \mathrm{sen}\,\beta$$

donde E_0 es el error complejo en vacío.

2.2.4. Transformadores de tensión capacitivos.

Consisten en un divisor capacitivo usado en conjunto con un transformador convencional auxiliar conectado sobre la etapa final del divisor con una tensión de salida de alrededor de 10 kV. Por ajuste de la inductancia L, la cual puede constituir totalmente o una parte de la inductancia de dispersión del transformado auxiliar, al valor

$$L = \frac{1}{(C_1 + C_2)\omega^2}$$

se compensa la corriente derivada del divisor a través de la tensión sobre C_2.

La compensación no es completa debido a las pérdidas que siempre existen. En otras palabras estamos en presencia de un sistema resonante.

$$\omega_1 (C_1 + C_2) = 1$$

Las perfomances de un transformador de tensión capacitivo no son inferiores a las de un transformador de tensión convencional. El error de relación es del orden del $\pm 0,5\%$ y el de fase de ± 20 minutos.

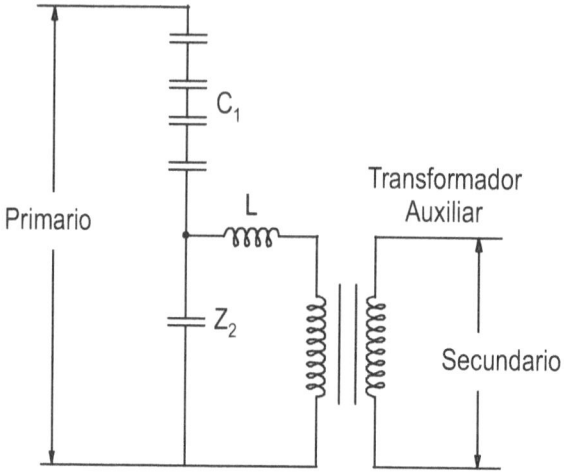

Figura 2.9. Circuito simplificado de un transformador de tensión capacitivo.

Los capacitores C_1 y C_2 generalmente sirven de doble propósito, de formar el divisor de tensión y de acoplamiento a la línea de las señales de alta frecuencia usadas por los sistemas de protección.

Usualmente C_1 consiste en un dieléctrico de papel impregnado en aceite dentro de un recipiente de porcelana, que también contiene a C_2, un espacio en que para proteger a C_2, el inductor, el transformador auxiliar y el resto del equipamiento.

2.3. Divisores de tensión para medición de tensión de impulso.

Consideremos principalmente los divisores para la medición de la amplitud pico y la forma de onda de la tensión de impulso específica para los ensayos de equipos y sistemas de alta tensión.

Resulta obvio que la relación deberá ser constante sobre una gama de frecuencias, particularmente cuando un impulso de 1 μs es aplicada. Explorando las características del divisor es mas usual examinar su salida o respuesta inicial $f_1(t)$ cuando se aplica un escalón unitario de tensión para $t = 0$ la salida $v(t)$ con cualquier entrada de tensión $f(2)$ resulta:

$$v(t) = f_1(0) \cdot f_2(t) + \int_0^t f'(\lambda)f(t-\lambda)d\lambda \qquad [2.6]$$

La forma de onda del impulso es

$$f_2(t) = A(e^{-\alpha t} - e^{\beta t})$$

donde los valores α y β dependen de la duración del frente y de la cola.

Asumiendo que la forma de onda es triangular con subida uniforme, puede ser expresada como la gama de tres términos en una función lineal del tiempo $f_2(t)$.

$$f_2(t) = S\left[H(t)t - \frac{T}{T_2 - T_1}(t - T_1)H(t - T_1) + \frac{T_1}{T_2 - T_1}(t - T_2)H(t - T_2)\right] \quad [2\text{-}7]$$

S Pendiente del frente de la onda
T_1 tiempo de crecimiento hasta el valor pico
T_2 tiempo de descanso hasta cero

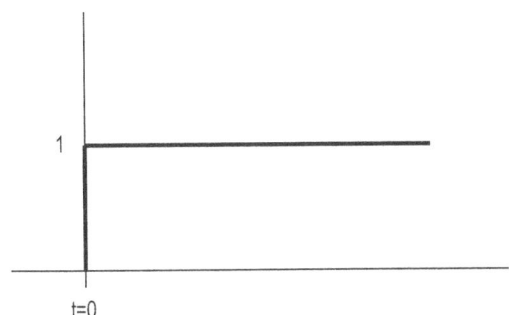

Figura 2.10.

$$H(\lambda)\begin{cases}0 \text{ Cuando } \lambda < 0 \\ 1 \text{ Cuando } \lambda \geq 0\end{cases}$$

La función unitaria de **Heaveside**, figura 2-10, es introducida en la ecuación 2-7 para garantizar que los términos de esta ecuación sea operativo después que se alcance un valor apropiado de t. Si la caída de tensión a cero es instantánea se tiene

$$f_2(t) = S\left[H(t)t - T_1 H(t - T_1) - (t - T_1)H(t - T_1)\right] \quad [2\text{-}8]$$

Para que la reproducción de la forma de onda sea fiel, la respuesta inicial $f_1(t)$ deberá aproximarse tanto como sea posible al escalón de tensión aplicado. Una medición conveniente de la imperfección del divisor es la del área total comprendida entre la respuesta actual y la respuesta perfecta. Ambas están graficadas sobre la horizontal, el tiempo y la escala vertical del valor del escalón unitario. Figura 2.11. Esta área tiene la dimensión del tiempo y está referida al tiempo de respuesta del divisor, áreas por debajo de $f_1(t) = 1$ son consideradas como positiva y por arriba como negativas. Un corto tiempo de respuesta no significa un buen divisor como en el caso de la figura 2.11 (c). Un requisito adicional es que la respuesta debe tener establecido en el descenso el valor correcto en el corto tiempo comparado con el tiempo de crecimiento de la tensión que debe ser medida.

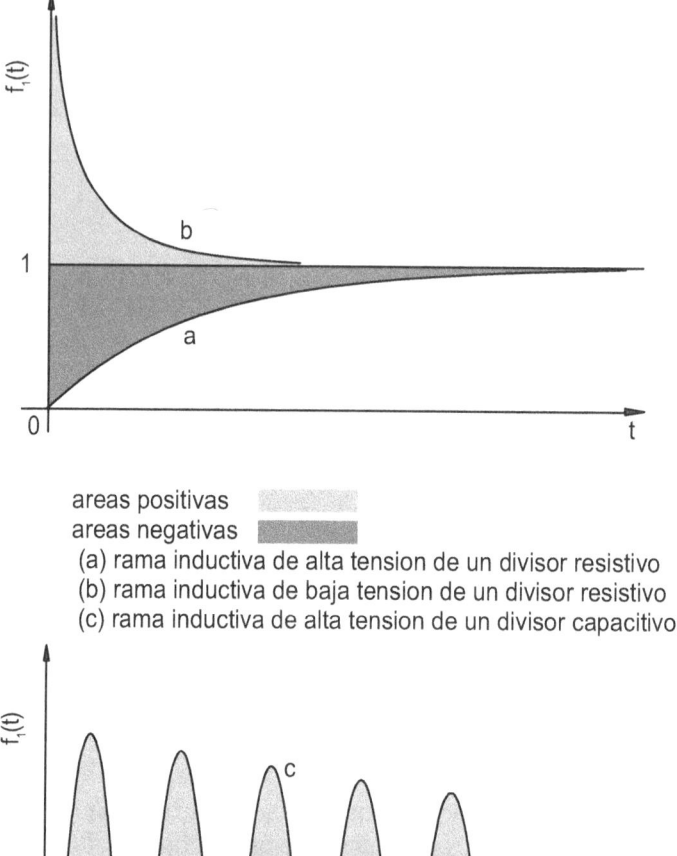

Figura 2.11. Posible respuesta inicial de un divisor de impulso.

Conjuntamente con un divisor de corto tiempo de respuesta requerido para la medición de impulso de 1,2 µs de frente es necesario contar con un sistema de medición. Este sistema consiste en:

1. La parte principal del divisor, que consiste en las ramas de alta y de baja tensión conectada en serie

2. La conexión entre la parte principal del divisor y el objeto bajo prueba. Esta conexión es típicamente un lazo formado por un conductor tubular que conecta el divisor con el generador de impulso y el objeto bajo prueba. Se suelen agregar resistencias en el lazo para lograr una respuesta no oscilatoria.

3. El blindaje o el cable de retardo que conecta la rama de baja tensión del divisor con el osciloscopio.

4. La red que conecta el final de la línea de retardo que suele incluir un atenuador y un amplificador.

Cada uno de los ítems (a) a (d) tienen los tiempos de respuesta $\tau_a, \tau_b, \tau_c, \tau_d$. El tiempo total de respuesta es la suma de estos tiempos.

Al igual que los divisores para corriente alterna, los divisores resistivos, capacitivos son usados, simples o en combinación. El bajo valor de resistencia necesario para obtener un bajo tiempo de respuesta, implica que el resistor paralelo no puede ser utilizado en la medición de tensión de impulso para superponer las altas tensiones continuas y alternas.

2.3.1. Divisor Resistivo.

Durante un impulso casi toda la energía en el divisor, y en otros resistores del circuito, es utilizada en elevar la temperatura del elemento resistivo. La masa del material debe ser suficiente en el resistor para soportar el pico de temperatura a la carga permitida de la resistencia o la máxima temperatura alcanzada debe estar acorde con la aislación utilizada.

Generalmente con la aplicación de 2 ó 3 impulsos por minuto y una energía disipada por impulso de 20 *J* por gramo de material puede ser tolerado.

Las resistencias en película son mas aptas para usar en divisores de impulsos.

El conductor arrollado del resistor tiene inductancia y capacidad muy bajas. Dos tipos son extensivamente usados. Uno consiste en una cinta trensada en forma de trama, sobre una fibra de vidrio formado por una vaina de resistencia soportada por un tubo de material aislante. La cinta y el tubo son impregnados con barnices aislantes y generalmente sumergidos en aceite.

El otro tipo es un tubo similar al anterior donde se arrollan resistencias en dos capas, una en un sentido y otra en otro.

El tiempo de respuesta de un divisor resistivo (τ_a) igual a τ_1-τ_2 donde τ_1 y τ_2 son los tiempos de respuesta de las ramas de alta y de baja tensión R_1 y R_2.

Estos tiempos son definidos con exactitud de la misma forma que en la figura 2.11 excepto que dimensionalmente la escala vertical representa la corriente a través del resistor en respuesta a un escalón de tiempo o tiempo de respuesta es L_2/R_2.

Resistor no blindado.

Las consideraciones relativas al efecto de la capacidad respecto a tierra (Ce) de la rama de alta tensión tiene mucha importancia cuando se aplica un impulso. Con la aplicación de un escalón de tensión de amplitud V_1 en las ecuaciones (2-1) y (2-2) las corrientes i_0 e i_1 a tierra en el terminal de alta tensión del resistor, surgen de las ecuaciones (2-9) y (2-10) donde $Z = R_1$, $Y = pCe$, p representa el operador $\delta / \delta t$ y aplicando el teorema de expansión de Heaveside quedan las expresiones de i_0 e i_1 como una función del tiempo medida desde el instante de la aplicación del escalón de tensión

$$i_0 = \frac{V}{R_1}\left[1 + 2\sum_{m=1}^{m=\infty}(-1)^m e^{-\left(\frac{m^2\pi^2 t}{CeR_1}\right)}\right] \qquad [2\text{-}9]$$

$$i_1 = \frac{V}{R_1}\left[1 + 2\sum_{m=1}^{m=0} e^{-\left(\frac{m^2\pi^2 t}{CeR_1}\right)}\right] \qquad [2\text{-}10]$$

La representación gráfica de estas expresiones, figura 2.12, muestra las curvas a y b, para $t = 0,5\ Ce\ R_1$, las corrientes en ambas terminales del resistor alcanzan alrededor del 1 % del valor final de V/R_1.

Los valores calculados del tiempo de respuesta del resistor son $Ce\ R_1/6$ y $-Ce\ R_1/3$ para el terminal de tierra y el terminal de alta tensión respectivamente son idénticas a las constantes de tiempo derivadas de las ecuaciones [2-3] y [2-4] para pequeños valores de $R_1 Ce\ \omega$ cuando trabaja con corriente alterna los puntos notables son, el valor inicial de i_1 es infinito generando una fuerte solicitación transitoria en el terminal de alta tensión del resistor y el crecimiento de i_0 no comienza hasta que t alcanza aproximadamente el valor $0,05\ Ce\ R_1$.

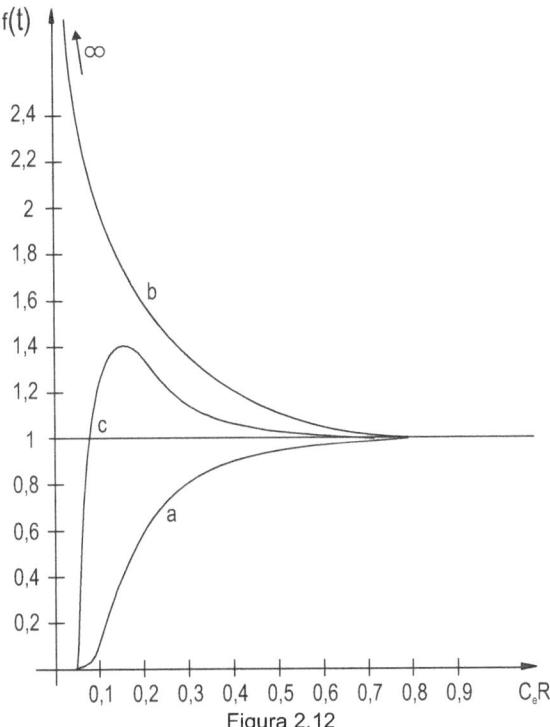

Figura 2.12

a. Corriente en el terminal de tierra. Tiempo de respuesta

$$t = \frac{R_1 C_0}{6}$$

b. Corriente en el terminal de alta tensión. Tiempo de respuesta

$$t = -\frac{R_1 Ce}{3}$$

c. Salida del divisor usado en conjunto con una rama de alta tensión en el terminal de tierra.

$$\frac{L_2}{R_2} = \frac{R_1 Ce}{6}$$

Resistor blindado

Si en un campo eléctrico de gradiente uniforme en toda la longitud, por ejemplo el tomado por dos electrodos planos paralelos, se coloca en un resistor, no habría gradiente radial, no habría circulación de corriente a lo largo del resistor y el tiempo de respuesta solo dependería de la inductancia y de la capacidad del arrollamiento, que son pequeñas. Para una longitud requerida de un resistor para 500 kV, el control por electrodos planos paralelos es impracticable.

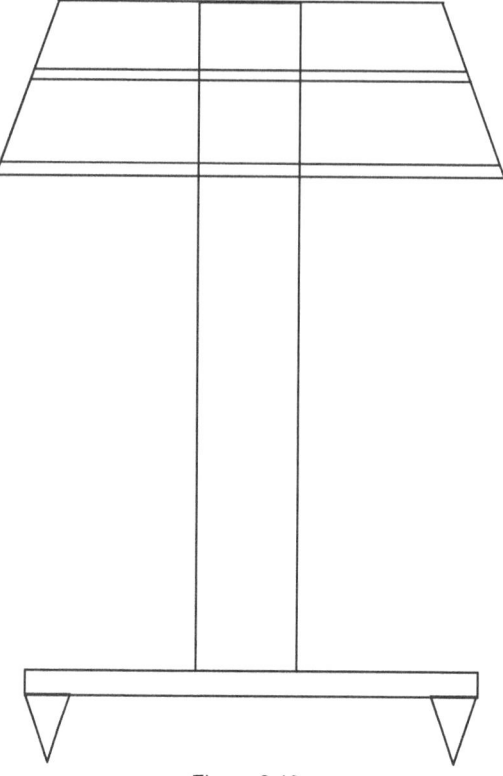

Figura 2.13

Se puede lograr una aproximación a la uniformidad del gradiente a lo largo del divisor colocando un electrodo circular plano y dos anillos en el terminal de alta tensión y un cono truncado o un anillo en el terminal de baja tensión, figura 2.13. De esta forma se incrementa la capacidad en paralelo a los efectos de hacer despreciable el efecto de la capacidad a tierra. Para corregir el tiempo de respuesta se suele colocar en la rama de alta tensión una resistencia de alrededor de 10.000 Ω de forma adecuada. La tabla siguiente muestra las diferentes forma geométricas y dimensiones de algunos resistores.

MÁXIMA TENSIÓN PICO (M.V)	ALTURA (m)	CAPACITANCIA (pF)	TIEMPO DE RESPUESTA (ns)
2-3	5	110	33
0,9	2,1	50	23
0,2	0,47	20	15

2.3.2. Divisor capacitivo

Cuando se analiza el tiempo de respuesta de un divisor capacitivo se debe considerar que las ramas de alta y de baja tensión contienen las capacidades C_1 y C_2, en serie con las resistencias r_1 y r_2 las inductancias L_1 y L_2 con las resistencias de dispersión R_1 y R_2 a través de C_1 y C_2.

La respuesta inicial es mostrada en la figura 2.14.

La respuesta inicial está determinada inicialmente por la inductancia, pero el rápido cambio en oscilatorio o forma aperiódica depende de las resistencias serie cuyo valor están determinadas por las capacidades.

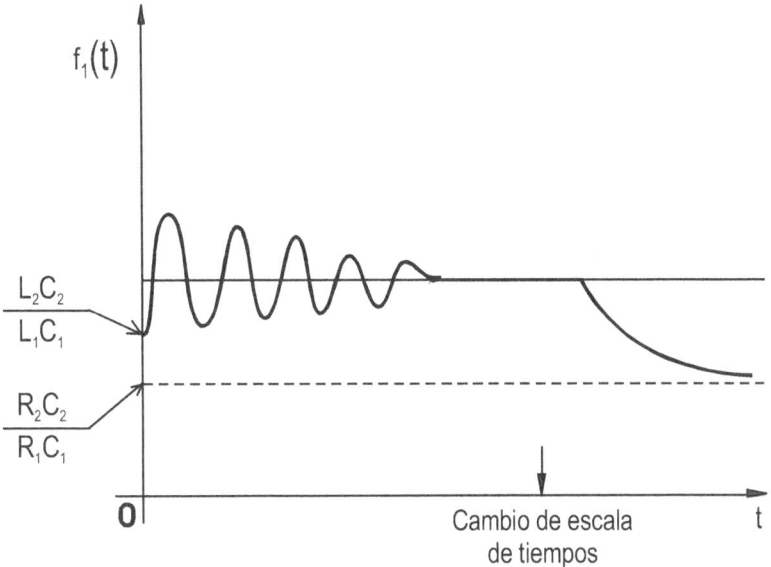

Figura 2.14.

La respuesta final decreciente es un valor determinado por las resistencias de dispersión R_1 y R_2. La respuesta ideal del divisor es cuando

$$\frac{C_1}{C_2} = \frac{L_3}{L_1} = \frac{R_3}{R_1}$$

Esta condición resulta muy difícil de alcanzar y en la práctica se trata de llegar al valor dado por las capacitancias tan rápido como sea posible y mantenerlo durante toda la duración del impulso. La transición desde la relación inductiva a la relación capacitiva puede ser amortiguada convenientemente ajustando las resistencias serie r_1. El tiempo de respuesta del divisor, despreciando el efecto final de la relación de resistencias, será aproximadamente

$$r_1 c_1 \left(1 - \frac{L_2 C_2}{L_1 C_1} \right)$$

Cuando r_1 toma el valor $1,5\sqrt{L_1 C_1}$ el tiempo de respuesta viene dado por

$$1,5\sqrt{L_1 C_1} \left(1 - \frac{L_2 C_2}{L_1 C_1} \right)$$

Los capacitores blindados con dieléctrico de gas comprimido han tenido buen resultado en corriente alterna, no así en impulso debido a la inductancia a lo largo del conductor de entrada que une el electrodo de baja tensión con el coaxial tubular de base donde está ubicada la rama de baja tensión del divisor. Con un corte abrupto de la onda de tensión, como ser la descarga sobre el objeto en prueba, la tensión a través de la baja aislación que separa el electrodo de baja tensión del tubo soporte, causa una momentánea descarga en este punto y en muchos casos aparecen oscilaciones en el conductor de entrada que modifican el comportamiento del divisor. Esta desventaja ha hecho que se elimine este tipo de divisor para impulso.

El tipo usual de capacitor, en la rama de alta tensión, es el no blindado y consiste en una serie paralelo de armaduras con dieléctrico de papel impregnado, de unidades unidas por anillos de porcelana en serie de acuerdo a la tensión del divisor. La conexión de las unidades en su contenedor es realizada de manera de obtener la mínima inductancia y la suficiente robustez para soportar un cortocircuito con el total de la tensión y sin daños. Generalmente resultan necesario 2m/MV para evitar descargas externas.

El efecto de la capacidad distribuida con respecto a tierra (Ce) es igual al caso de corriente alterna, disminuyendo la capacitancia en el terminal de tierra a $Ce/6$ y aumentando para la alta tensión a $Ce/3$.

Divisor resistivo capacitivo

Los divisores que incorporan resistencias y capacidades son usados para superar algunas de las desventajas de los divisores capacitivos y de los divisores resistivos no blindados. El más común de los divisores mixtos usados es el de resistencias y capacidades en paralelo en ambas ramas. La respuesta inicial de estos divisores es determinada por las capacidades C_1 y C_2 y la respuesta final por las resistencias

R_1 y R_2. Si $R_1 C_1$ se hace igual a $R_2 C_2$ la respuesta del divisor mixto es perfecta excepto en la parte inicial que es igual a $1,5\sqrt{L_1 C_1}$ debido a la inductancia del lazo que conecta el divisor con el objeto en prueba. El tiempo de respuesta no será necesariamente tan bajo en la parte resistiva del divisor, usándose $(CeR_1 / 6)$. En efecto para tensiones de 1MV o superiores es aceptables reducir el tiempo de respuesta pudiendo únicamente ser realizado si la capacidad introducida en paralelo con la resistencia es minimizada.

Una forma alternativa de divisores es usando resistencias y capacidad en serie en ambas ramas. La respuesta inicial es determinada por las resistencias r_1 y r_2 y la respuesta final por las capacidades C_1 y C_2. Generalmente, por fabricación se hace $r_1 C_1$ igual a $r_2 C_2$.

La principal ventaja de este divisor sobre el capacitivo resistivo en paralelo es su valor finito de la impedancia para una frecuencia infinita. En la práctica C_1 consiste en un capacitor cerrado y r_1 en una resistencia insertada en el conductor de alta tensión.

2.4. Efectos de conexión entre el divisor y el objeto en prueba

Debido a la mutua interferencia de los campos eléctricos en la vecindad, el divisor y el objeto en prueba son generalmente ubicados a una distancia inferior a su altura. El efecto de la inductancia L del lazo rectangular formado cuando el divisor es conectado al objeto a ensayar es del orden de 1 a 4 μH por metro sobre su perímetro, por lo que debe ser considerada.

Cuando la conexión desde el generador de impulso se hace con el objeto de prueba, la inductancia queda efectivamente incluida en la rama de alta tensión del divisor y si ésta es una resistencia pura, el tiempo de respuesta L / R_1 es adicionado al de dicha rama. Para $10\,K\Omega$, 1 MV, L puede ser de 15 μH y su efecto sobre el tiempo de (1,5 ns) es muy pequeño comparado con el inherente a una inductancia (0 a 25 ns) y el de la capacidad respecto a tierra (0 a 70 ns) del resistor.

En los divisores capacitivos, se coloca una resistencia r_1 en serie con la rama de alta tensión ajustada de manera que se disminuyan las oscilaciones de la respuesta inicial. Para 500 pF, 1 MV, el divisor tiene una inductancia muy baja.

En el brazo de baja tensión L es del orden de 15 μH y r_1 del orden de 260 Ω y el tiempo de respuesta aproximada de 130 ns.

Los divisores mixtos resistivos capacitivos paralelos y resistor blindado también tienen las desventajas del divisor capacitivo puro. Cuando el efecto de la inductancia de conexión es considerable, la capacidad C_1 en los electrodos de control de campo de un resistor blindado es suficientemente baja. La reducción del tiempo de respuesta por la disminución efectiva de Ce no es acompañado por un incremento sustancial en la simultanea introducción de estas capacidades. Por ello los divisores mixtos resistivos capacitivos no son muy afectados por la inductancia de conexión.

En muchos laboratorios de alta tensión el divisor de tensión es parte integral del generador de impulso y del circuito de control de forma de onda y la conexión del objeto en prueba forme parte del divisor.

Esto es permisible cuando la inductancia de conexión y la capacidad del objeto son pequeñas con altas capacidades del objeto bajo prueba, como en el caso de cables o grandes aisladores atravesadores es preferible conectar primero el generador al objeto bajo prueba y de allí al divisor.

2.4.1. Efectos de cable de retardo

En general, el instrumento de medición, osciloscopio, es localizado a una cierta distancia de la rama de baja tensión del divisor, el cual es conectado por medio de un cable coaxial de baja atenuación. Si la base de tiempo del osciloscopio es disparada directamente desde el generador de impulso, el retardo en llegar la tensión del divisor a las placas de deflexión del osciloscopio es deseable para que el registro obtenido comprenda con claridad el frente de la onda registrada. Por esta razón el cable coaxial es referido generalmente como cable de retardo y el retardo requerido es del orden de 0,1 a 0,5 μs dependiendo de la duración del registro.

2.4.2. Atenuación

Examinando los factores que contribuyen a la atenuación en el cable coaxial, están las pérdidas en el dieléctrico que son insignificantes a la frecuencia de 100 MHz. Si un dieléctrico de bajo factor de potencia es utilizado, únicamente las perdidas en el conductor deben ser consideradas. Considerando de que el cable tiene una terminación sin reflexión y se aplica a la entrada una tensión escalón unitario, la tensión de salida será.

$$V_z(t) = I - erf\left(\frac{Ky}{4Z_0\sqrt{t}}\right) \qquad [2-11]$$

Donde *erf* es la función error definida como

$$erf \cdot x = 2\sqrt{\pi} \int_0^x e^{-\lambda 2 d\lambda}$$

En la expresión [2-11] t representa el tiempo desde el instante en el cual la señal llega al terminal y(m) es la longitud del cable, K constante que depende de las dimensiones y conductividad del conducto de cable y Z_0 la impedancia característica. La figura 2.15 muestra la tensión de salida de un cable de retardo en función del escalón unitario.

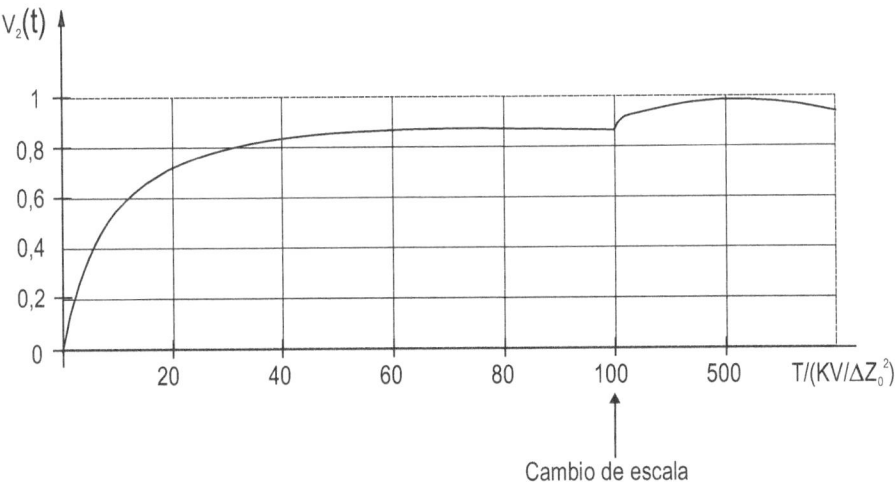

Figura 2.15.

En la expresión (2-11) se ha considerado que la sección transversal del conductor es infinita y que la corriente inicial superficial puede penetrar.

El valor de $V_2(t)$ para tiempo infinito será en la práctica menor que el valor unitario dado por la expresión (2-11) sobre una sección finita, a consecuencia de la resistencia del conductor. El error provocado por esta resistencia puede ser despreciado si se elige una longitud adecuada del cable.

El tiempo de respuesta determinado por la expresión

$$\int_0^\infty erf\left(\frac{Ky}{\Delta Z_0 V \tilde{t}}\right) dt$$

es infinito pero para un conductor de sección finita será aproximadamente igual al valor obtenido cuando la integración de dicha expresión es continua hasta el punto donde $V_2(t)$ alcanza el límite actual de la tensión terminal.

A alta frecuencia, la resistencia del conductor, R_1 es proporcional a

$$\sqrt{\omega}\,,\left(R = K\sqrt{\omega}\right)$$

Esta es la definición de K utilizado en la expresión [2-11] usando el sistema de unidades racionalizado.

$$K = \frac{1}{\pi\sqrt{8}}\left(\frac{\sqrt{Pa\mu_a\mu_0}}{a} + \frac{\sqrt{Pb\mu_b\mu_0}}{b} \right)$$

Donde a es el radio del conductor interior, b el radio interno del otro conducto, P_a, P_b las resistividades, $\mu_a\mu_b$ las permitividades de dichos conductores relativas a la permitividad del vacío $\left(\mu_0\right)$.

2.4.3. Terminación del cable

Para evitar el error debido a la reflexión en los finales del cable, deber terminar, en uno de los finales o preferentemente en los dos finales, en una impedancia igual a la impedancia característica Z_0 la cual para cables de baja perdida y a muy alta frecuencia es una resistencia pura. El cable es esencialmente compatible con el divisor resistivo y debe ser conectado como lo indica la figura 2.16.

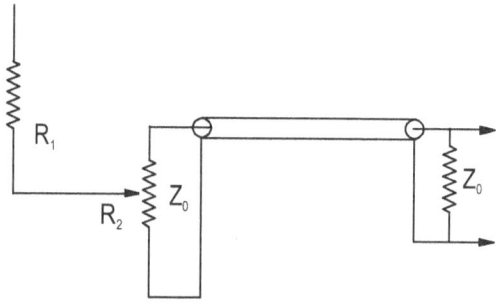

Figura 2.16.

La relación del divisor viene dada por

$$\frac{2\left(R_1 + R_2'\right)}{R_2}$$

donde

$$R_2' = \frac{R_2\left(2Z_0 - R_2\right)}{2Z_0}$$

Si la resistencia de corriente continua r no es despreciable, la relación del divisor es

$$\frac{2\left(R_1 + R_2'\right)\left(r + Z_0\right)}{R_2 Z_0}$$

En el caso de un divisor capacitivo, el cable de retardo introduce una incompatibilidad dado que inicialmente es un resistor y finalmente un capacitor.

Un circuito simple es el mostrado en la figura 2-17 (a) en el cual el cable es conectado a la rama de baja tensión del divisor a través de una resistencia igual a Z_0.

Cuando una tensión escalón unitaria es aplicada al divisor, una tensión

$$\frac{C_1}{2\left(C_1 + C_2\right)}$$

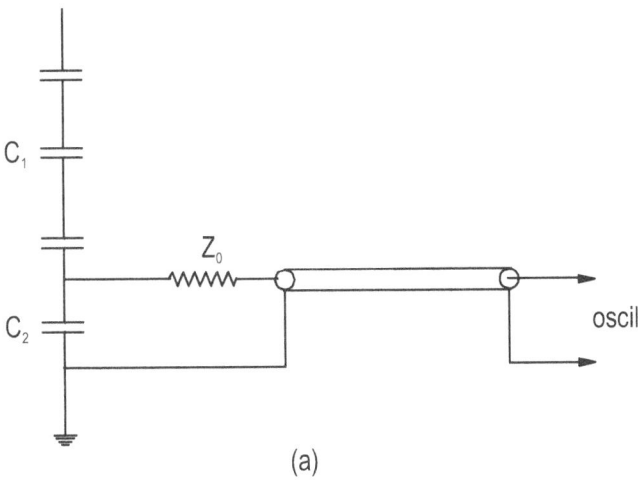

(a)

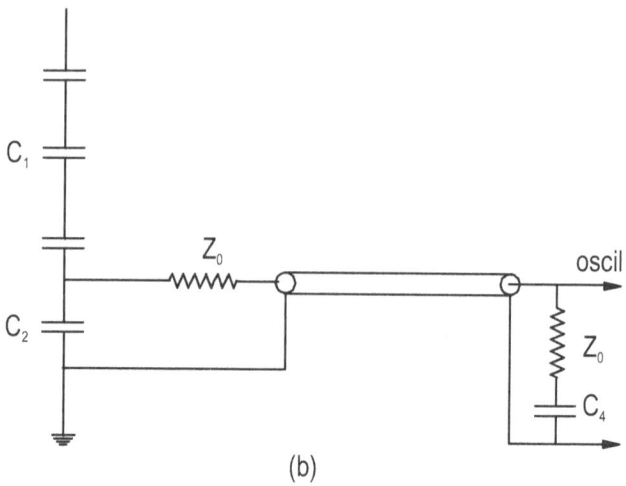

(b)

Figura 2.17. Conexión de un divisor capacitivo a un osciloscopio por un cable coaxial de impedancia característica Z_0 y capacitancia C_0 (a) conexión sin reflexión en un extremo (b) conexión sin reflexión en ambos extremos.

inicialmente inyectada al cable, es doblada por la reflexión del terminal de salida y es absorbida por el terminal sin reflexión de la entrada. La tensión en el terminal de entrada alcanza inicialmente el valor

$$\frac{C_1}{(C_1 + C_2)}$$

y cae eventualmente a

$$\frac{C_1}{(C_1 + C_2 + C_a)}$$

y esta caída ocurre linealmente durante el periodo inicia 2τ cuando C_2 comparte su carga con el cable.

En los casos en que las capacidades del divisor son mínimas, la capacidad C_a no resulta despreciable con C_2. En ese caso se adopta como solución el circuito de la figura 2.17 (b) en el cual la capacitancia de baja tensión resulta dividida en dos componentes C_2 y C_4 localizadas en extremos opuestos del cable. Cuando dichos componentes son seleccionados de manera que se cumpla que

$$C_1 + C_2 = C_4 + C_C$$

los valores inicial y final de la respuesta indicada en el osciloscopio serán iguales en la parte plana del sobrepasamiento ocurrido de un crecimiento máximo aproximadamente a 2τ. Después del comienzo de la respuesta para el divisor resistivo capacitivo en paralelo, la componente capacitiva controla inicialmente la respuesta, la conexión usada del cable es la mostrada en la figura 2.17 (a). Si las capacidades de alta y baja tensión C_1 y C_2 son puenteadas por las resistencias R_1 y R_2, las constantes de tiempo R_1C_1 y R_1 $(C_2+C_a+C_c)$ son ajustadas a un valor igual y también grande.

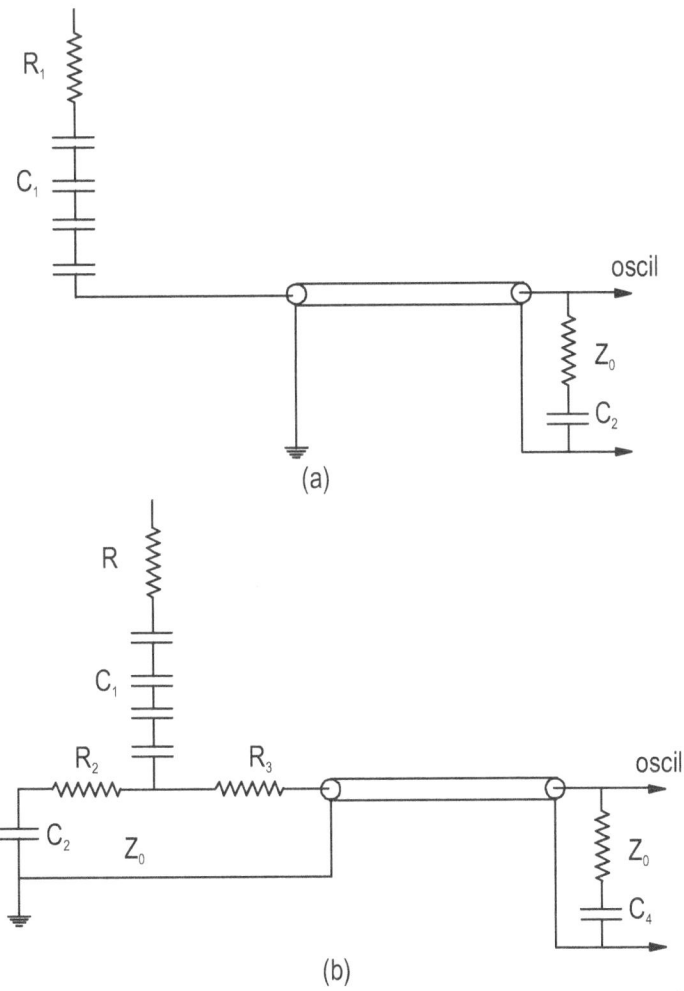

Figura 2.18. Conexión de un divisor resistivo capacitivo en serie con el osciloscopio por un cable coaxial de impedancia característica Z_0 y capacitancia C_C(a) conexión no reflexiva en el terminal de recepción (b) conexión no reflexiva en ambos terminales.

Comparado el tiempo de retardo en el cable τ, la respuesta inicial del divisor será prácticamente la misma que si R_1 R_2 no existieran.

Cuando el divisor consiste en una resistencia y una capacidad en serie, la conexión simple del cable es la que muestra la figura 2.18 (a) los valores inicial y final de la respuesta inicial serán iguales si

$$C_1 = Z_0 \left(C_2 + C_C \right)$$

y una desviación de estos valores dará el error que alcanzara el máximo aproximado de C_c / C_2 para $t = 2\tau$ y ocurre en el breve periodo después del comienzo de la respuesta. Este error es de la misma magnitud y de signo opuesto del obtenido en el divisor capacitivo de la figura 2.17 (a)

Examinando el circuito de la figura 2.18 (b) para la condición

$$R_1 C_1 = R_2 C_2$$

y del cable no reflectivo dado por

$$Z_0 = R_3 + \frac{R_1 R_2}{R_1 + R_2}$$

y la respuesta del divisor capacitivo tiene los valores similares al circuito usado en la figura 2.17 (b).

Un leve mejoramiento en la respuesta puede ser obtenido modificando el valor de R_3 y la relación C_4/C_2

2.4.4. Pérdidas parásitas en la cubierta de cable.

En adición a la corriente de impulso, puede producirse una corriente mayor a través de la cubierta del cable de retardo provocando una considerable perturbación transitoria desde el potencial de tierra a la base del divisor cuando se aplica un impulso. Dicha perturbación es mas pronunciada en los divisores capacitivos y en circuitos puestos a tierra en un punto distinto de la base del divisor. Esta perturbación puede producir daños en el operador y en los instrumentos debido al aumento de potencial de la base del divisor. Si la corriente parásita es i, la tensión que aparece será

$$i\left[R + p\left(L - M \right) \right]$$

donde L es la inductancia, R la resistencia de la cubierta, M la inductancia mutua entre el conductor y la cubierta y P es d/dt. Para un coaxial $L = M$, únicamente la componente resistiva de la tensión aparecerá como una pequeña fracción del total generando un error superpuesto a la señal en el instrumento de medición. En los laboratorios, la magnitud y forma de onda de este error pueden ser registrados en un osciloscopio conectando el conductor central y los otros conductores del coaxial al terminal de entrada en la base del divisor y operando el generador de impulso de la misma forma que en los ensayos.

Adoptando algunas de las siguientes precauciones es posible reducir el error por corrientes parásitas.

1. Usar divisor con resistencia en serie.

2. Conectar a tierra el generador de impulso en forma efectiva y solo en la base del divisor.

3. Lograr que la amplitud de la señal del divisor a la entrada del cable no sea menor de 100 V.

4. Usar cables de buena calidad.

5. Si fuere necesario remover la conexión local a tierra de los instrumentos de medición.

2.4.5. Efecto de la conexión de los instrumentos de medición.

La mayoría de los instrumentos de medición de la tensión son osciloscopios conectados al cable de retardo a través de un atenuador o un amplificador.

La capacidad Cp de entrada al osciloscopio es del orden de 20 pF y si la conexión es corta la resistencia incorporada es despreciable y por lo tanto la respuesta optima.

En los diseños de los osciloscopios se incluye un potencial de deflexión para corregir la posición del haz que a menudo esta conectado a masa por esta razón, cuando no se usa amplificador, una de las placas se conecta a chasis y se aplica el potencial a la otra placa a través de una resistencia R figura 2.19.

En el caso de divisores resistivos o divisores resistivos capacitivos paralelos se hace necesaria la inserción en el conductor central de entrada de la señal. La condición para garantizar que el componente de error no exceda del uno por mil son las siguientes.

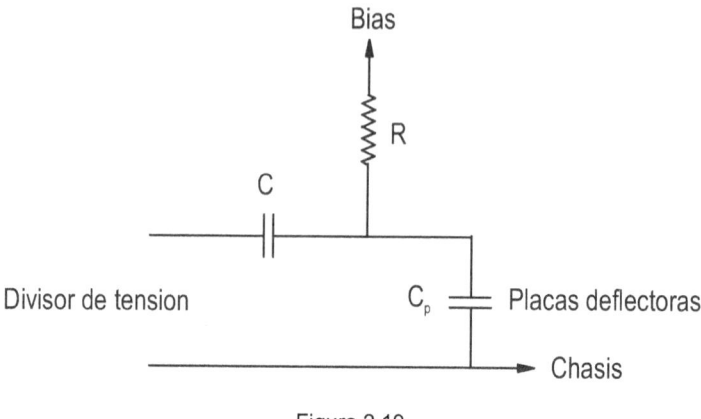

Figura 2.19

1°. $C/Cp > 10^3$

2°. $RC > 100$ veces la duración del registro

3°.   Resistencia de aislación de C mayor que $1000\ R$

2.5. Bibliografía

- Bowdler, G. W. *Measurements in High Voltaje Test Circuits*. Pergamon Press.

- Heller, B. et Veverka, A. *Les Phénomènes de choc don les Machines Electriques*. Dunod.

- Bossi, A. Cappi, E. *Misure Elettriche*. Hoepli.

- Ballada, R., Costa, G., Thiene, L. *Alcune considerazioni sulle misure di tensione por mezzo di divisori capacitivi*. CESI.

- Tobias, J. C. Zabala, A. *Consideraciones teórico-prácticas sobre el diseño de transductores de tensión y corriente para medición de transitorios en redes de alta tensión.*

3

Medición de Tensión

Los métodos más generales de medición de tensión en alta tensión son los siguientes

1. Voltímetro de bajo rango usado en conjunto con divisor de tensión.
2. Amperímetro de bajo rango usado en serie con alta impedancia.
3. Voltímetro electrostático de alto rango.
4. Voltímetro a esferas.

En los dos primeros métodos, una pequeña tensión o corriente derivada del divisor de tensión o de la impedancia en serie es aplicada al instrumento de medición. En los otros métodos la tensión total es aplicada a lo bornes del elemento de medición, siempre que sea posible se debe tratar que la introducción de los equipos de medición no afecten la tensión a ser medida.

3.1. Voltímetro de bajo rango usado en conjunto con un divisor de tensión.

Un instrumento de alta impedancia que tiene un despreciable efecto shunt sobre el circuito de baja tensión es ideal para ser usado en conjunto con un divisor de tensión. Un voltímetro electrostático, un osciloscopio o un potenciómetro pueden ser usado a este respecto. El voltímetro de pico con diodo también se usa ya que el efecto shunt puede ser reducido hasta hacerlo despreciable.

Todos los instrumentos son aptos para efectuar medición con un error menor que el 1%, y excepto el potenciómetro cubren un rango de frecuencias de cero a 5 MHz.

3.1.1. Potenciómetro.

Es el más conveniente y a veces el único método apto para medir o controlar el valor de pico en corriente continua con alto grado de exactitud.

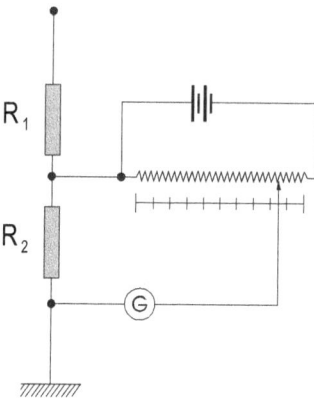

Figura 3.1. Potenciómetro usado en conjunto con un divisor de tensión.

Los potenciómetros de corriente alterna son diseñados para mediciones precisas de tensión.

3.1.2. Osciloscopio.

Generalmente esta asociado a la medición de tensión de impulso, pero no es descartable como instrumento de medición en corriente continua y corriente alterna.

Por lo general, el osciloscopio se usa en conjunto con fuentes, *triggers*, calibración, circuitos de base de tiempo, amplificadores de entrada balanceados y sistema de impresión y registro.

La tensión de pico de una onda de impulso se mide sobre un oscilograma en el que se ha registrado una breve sucesión de impulso, una línea tensión cero, una línea de tensión de calibración, la cuales tomada con una deflexión cercana al pico de la onda. La escala de tiempo se controla conociendo el tiempo de barrido. La escala de tiempos también se registra en el oscilograma.

La señal de base tiempo se dispara en forma secuencial y automática, excepto la primera que es disparada desde el generador de impulso por medio de un detector aéreo, tipo antena, que envía un pulso al osciloscopio por medio de un sistema de disparo automático.

3.1.3. Voltímetro Electrostático.

Estos instrumentos miden en valor eficaz de la tensión en virtud de la fuerza de atracción que se genera entre dos conductores a diferentes potenciales.

El valor indicado sobre la escala es proporcional al cuadrado del valor indicado, es decir la escala es cuadrática, por ello utilizable solo en el tercio final. Esto no es una desventaja cuando se usa el instrumento en conjunto con un divisor de tensión porque el rango de medición del voltímetro puede ser ajustado consecuentemente sobre la escala.

Los voltímetros electrostáticos portátiles son usados para medición de altas tensiones. Como sabemos los instrumentos elctrostáticos tienen una elevada impedancia interna y una corriente derivada casi nula, lo que los hace adecuados para medir altas tensiones.

3.1.4. Voltímetro de pico con diodo.

El circuito de un voltímetro de pico con diodo, figura 3-2, es apto para medir el valor de pico de una onda periódica o de una tensión de impulso con un instrumento indicador. Dentro de ciertas condiciones el capacitor C se carga a una tensión cercana al valor de pico a través del diodo, el cual, en el caso de corriente alterna debe soportar el doble del valor de la tensión de pico inversa. La tensión sobre el capacitor se mide con un instrumento adecuado.

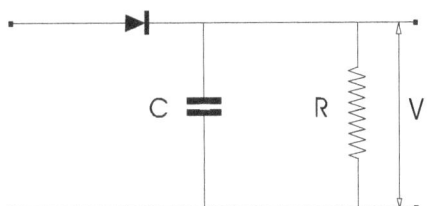

Figura 3.2. Circuito de un voltímetro de pico con diodo.

3.1.4.1. Corriente alterna

En la medición del valor medio de una corriente alterna, se recurre a un artificio que permite alimentar el instrumento con una corriente rectificada mediante un diodo semiconductor. En el esquema de la figura 3-3 se puede notar como se ha colocado un amperímetro de bobina móvil en serie con una resistencia y un rectificador.

La indicación del instrumento de bobina móvil será, como sabemos, proporcional al valor medio de la tensión aplicada.

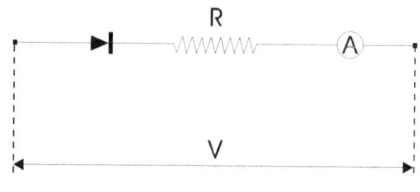

Figura 3.3.

El valor medio de la corriente indicada por el instrumento corresponde a la siguiente relación

$$I_m = \frac{1}{T}\int_o^T idt \qquad [3\text{-}1]$$

$$i = \frac{V}{R}$$

$$V_m = \frac{R}{T}\int_0^{T/2} idt \qquad [3\text{-}2]$$

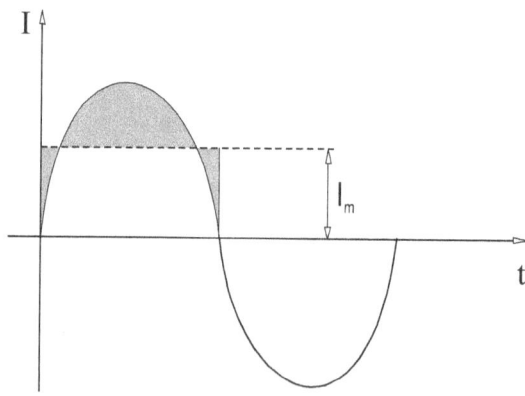

Figura 3.4.

Se ha tomado el intervalo comprendido entre 0 y $t/2$ por cuanto en el circuito se ha previsto la utilización de un solo semiperíodo, figura 3.4.

Para la medición de la tensión de pico en el campo de las altas tensiones se prefiere la utilización del circuito de la figura 3.5.

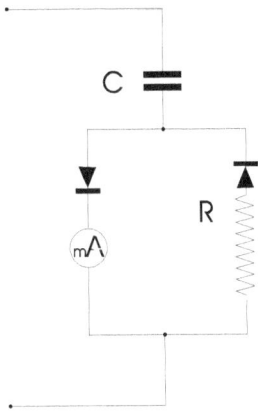

Figura 3.5.

En serie con un capacitor se coloca un circuito formado por dos rectificadores en contraposición. Un instrumento de bobina móvil de bajo consumo es insertado en una de las ramas, mientras que en la otra se ha colocado una resistencia del valor aproximado a la resistencia interna del instrumento. El instrumento dará una indicación proporcional al valor medio de la corriente que lo atraviesa, valor que es rigurosamente proporcional a la tensión máxima aplicada.

Analíticamente se puede demostrar la proporcionalidad en valor medio y valor máximo colocando en valor medio de un semiperíodo y resolviendo la integral siguiente

$$I_m = \frac{2}{T} \int_0^{T/2} C \, dt \qquad\qquad [3\text{-}3]$$

$$i \, dt = c \, dV$$

$$I_m = \frac{2}{T} \int_0^{T/2} C \, dv = \frac{4C}{T} Vp = 4\, fc Vp \qquad\qquad [3\text{-}4]$$

$$I_m = 2\, fc Vp$$

$$Vp = \frac{I_m}{2\, fc} \qquad\qquad [3\text{-}5]$$

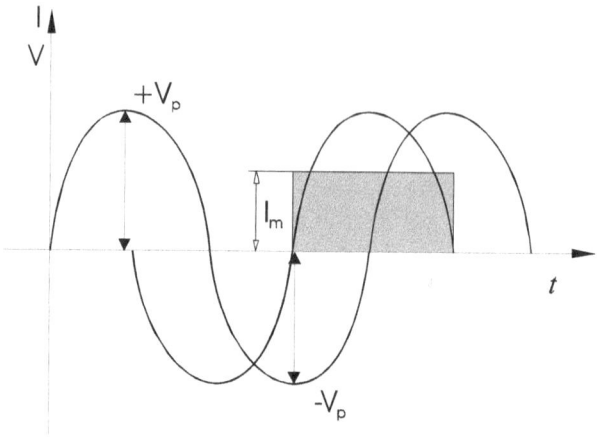

Figura 3.6.

Este método es particularmente utilizado en el campo de las altas tensiones para determinar el factor de cresta o de amplitud que en la relación entre el valor máximo y el valor eficaz de la onda de tensión. El valor eficaz se lo mide usualmente por medio de un voltímetro electrostático.

3.1.4.2. Tensión de impulso

El voltímetro de pico con diodo puede ser usado con un divisor resistivo o capacitivo para medir la tensión de cresta de la tensión de impulso. Es necesario minimizar el valor de la capacidad C para asegurar que la constante de tiempo de carga sea del orden de magnitud tan baja, que el tiempo en que el impulso alcanza el valor máximo, la constante de carga no tenga un efecto apreciable sobre la tensión medida. Un valor de 200 pF es aceptable, debe ser como mínimo 100 veces la capacidad de un diodo de silicio y en combinación con una resistencia de frente $Z_0/2$ de aproximadamente $40\,\Omega$, con una resistencia serie del diodo de $10\,\Omega$ resulta una constante de tiempo de 10 a 25 ns.

La inductancia L de entrada del circuito a través del cual se carga el capacitor C debe ser minimizada porque si la resistencia R en el circuito no es suficiente, el capacitor se pueda cargar con un valor excesivo en la tensión de entrada. Para una respuesta óptima

$$r \sim 1,5\sqrt{\frac{L}{C}}$$

comprendida entre $40\,\Omega$ a $50\,\Omega$ y una capacidad de 500 pF y la inductancia no debe exceder los 0,5 μ H.

3.2. Amperímetro de bajo rango usado en serie con una alta impedancia.

La resistencia diseñada para ser usada en la rama de alta tensión de un divisor puede ser utilizada alternativamente con un microamperímetro o un miliamperímetro para la medición de alta tensión.

3.2.1. Resistencia serie

Cuando la impedancia es una resistencia pura, la corriente a través del instrumento conectado en serie es proporcional a la tensión y esta en fase con la misma. Esta es la base de los voltímetros de bajo y medio alcance que son esencialmente instrumentos que indican corriente. El valor medio de la tensión es indicado por un instrumento de bobina móvil y el valor eficaz por medio de un instrumento térmico o de hierro móvil. El miliamperímetro de bobina móvil se usa en conjunto con un diodo rectificador para la medición en corriente alterna con la precaución de que la calibración debe ser efectuada teniendo en cuenta la forma onda. Para una sinusoide pura el factor de forma es 1,11. Cuando se quiere determinar la forma de onda el miliamperímetro debe ser reemplazado por un osciloscopio.

Teoría de resistor blindado

Cuando se usa una resistencia de alto valor para mediciones en corriente alterna, se debe tener en cuenta el efecto de la capacidad de pérdida en el resistor.

Debido a la presencia de esta capacidad de pérdida, la corriente a través del resistor es diferente para diferentes puntos a lo largo del resistor en magnitud y en fase. La fase se la define como el ángulo de la corriente en el resistor en un punto determinado y la tensión a lo largo del resistor.

El error debido a la capacidad de pérdida puede ser reducido por medio del resistor blindado y manteniendo el blindaje en un determinado potencial.

Davis ha analizado el error debido a la capacidad de pérdida y el efecto del blindaje en dicho error.

La figura 3.7 muestra un resistor no inductivo encapsulado en un blindaje. Las capacidades entre espiras se consideran despreciables.

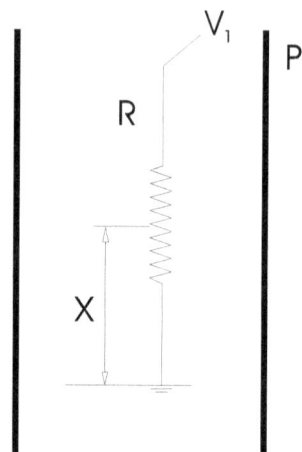

Figura 3.7. Resistor blindado.

Siendo

R Resistencia de la unidad.

C Capacidad uniformemente distribuida desde la resistencia al blindaje.

V_1 Tensión aplicada a la unidad.

P Potencial del blindaje.

Tomando un punto X a la distancia x desde el borne de tierra, la resistencia en X y el terminal será Rx.

Luego

$$\frac{Rx}{R} = K$$

$$Rx = RK$$

$$dx = Rdx$$

Considerando la capacidad asociada con Rx

$$dRx = CdK$$

Si v es la tensión en el punto X, i la corriente en el resistor en dicho punto.

$$di = j\omega(v - P)dK$$

$$dv = RidK$$

Resolviendo la siguiente ecuación

$$\frac{dv}{dK} = Ri$$

$$\frac{dv^2}{dK^2} = R\frac{di}{dK} = j\omega CR(v - P)$$

La solución completa de la ecuación es

$$v = Ae^{ak} + Be^{-ak} + p$$

donde A y B son constantes y

$$a = \sqrt{j\omega CR}$$

Las constantes A y B se determinan considerando los siguientes casos particulares

$$v = V_1 \text{ cuando } K = 1.$$

$$v = 0 \text{ cuando } K = 0.$$

La ecuación queda.

$$v = \frac{e^{aK}\left[V_1 - P(1 - e^{-a})\right] - e^{-aK}\left[V_1 - P(1 - e^a)\right]}{e^a - e^{-a}} \qquad [3\text{-}6]$$

La corriente i en un punto cualquiera es

$$i = \frac{1}{R}\frac{dv}{dK} = \frac{1}{R}\frac{a}{(e^a - e^{-a})}\left\{e^{aK}\left[V_1 - P(1 - e^{-a})\right] + e^{-aK}[V_1 - P](1 - e^a)\right\} \quad [3\text{-}7]$$

Las ecuaciones de las corrientes en el borne de tierra y en el borne de alta tensión pueden ser obtenidas insertando un apropiado valor de K. La corriente en el borne de tierra se obtiene con $K = 0$.

$$i_0 = \frac{1}{R} \frac{a}{e^a - e^{-a}} \left[V_1 - P(1 - e^{-a}) + V_1 - P(1 - e^a) \right]$$

$$i_0 = \frac{a}{R \operatorname{senh} a} \left[(V_1 - P) + (P \cosh a) \right]$$

Expandiendo las funciones hiperbólicas queda

$$i_0 = \frac{a \left[(V_1 - P) + P \left(1 + \frac{a^2}{2} \right) + \left(\frac{a^4}{24} \right) + ... + \right]}{R \left[a + \left(\frac{a^2}{6} \right) + \left(\frac{a^5}{120} \right) + ... + \right]}$$

$$i_0 = \frac{V_1 + \left(P \frac{a^2}{2} \right) + \left(P \frac{a^4}{24} \right) + ... +}{R \left[1 + \left(\frac{a^2}{6} \right) + \left(\frac{a^4}{120} \right) + ... + \right]} \qquad [3\text{-}8]$$

La corriente i_1 en el borne de alta tensión se obtiene poniendo $K=1$ por similar procedimiento.

$$i_1 = \frac{V_1 + \left[(V_1 - P) \frac{a}{2} \right] + \left[(V_1 - P) \frac{a^4}{24} \right]}{R \left[1 + \left(\frac{a^2}{6} \right) + \left(\frac{a^4}{120} \right) \right]} \qquad [3\text{-}9]$$

El análisis anterior demuestra que la corriente es función del potencial del blindaje y resulta interesante las expresiones de la corriente en los dos casos siguientes.

Caso 1

$P = 0$ es el caso de la resistencia no blindada y que tiene una capacidad C uniformemente distribuida respecto a la tierra.

$$i_0 = \frac{V_1}{R \left[1 + a \left(\frac{a^2}{6} \right) + \left(\frac{a^2}{120} \right) + ... \right]}$$

Despreciando el termino a^4 y los de potencia superiores de a

$$i_0 = \frac{V_1}{R}\left(1 - \frac{a^2}{6}\right) = \frac{V_1}{R}\left(1 - \frac{j\omega CR}{6}\right)$$

El ángulo de fase respecto a tierra es

$$-\frac{\omega CR}{6}$$

En forma similar se puede determinar la corriente en el terminal de alta tensión.

$$i_1 = \frac{V_1\left(1 + \dfrac{a^2}{2}\right)}{R\left(1 + \dfrac{a^2}{6}\right)}$$

Despreciando las potencias superiores de a que

$$i_1 = \frac{V_1}{R}\left(1 + \frac{a^2}{3}\right) = \frac{V_1}{R}\left(1 + j\frac{\omega CR}{3}\right)$$

El ángulo de fase de la alta tensión es

$$+\frac{\omega CR}{3}$$

Caso 2

$$P = \frac{V_1}{2}$$

se presenta cuando el resistor es blindado y el potencial del blindaje es la mitad del potencial de la unidad resistora. Las expresiones de la i_0 e i_1 se obtienen en forma similar que el Caso I. Despreciando la potencias de a superiores a 2 tenemos.

$$i_0 = \frac{V_1 + P\dfrac{a}{2}}{R\left(1 + \dfrac{a^2}{6}\right)}$$

sustituyendo $P = \dfrac{V_1}{2}$

$$i_0 = \frac{V_1\left(1 + \dfrac{a^2}{2}\right)}{R\left(1 + \dfrac{a^2}{6}\right)} = \frac{V_1}{12}\left(1 + \frac{a^2}{12}\right) = \frac{V_1}{R}\left(1 + j\frac{\omega CR}{12}\right)$$

En forma similar

$$i_1 = \frac{V_1 + \left(V_1 - \dfrac{1}{2}\right)a^2}{R\left(1 + \dfrac{a^2}{6}\right)} = \frac{V_1\left(1 + \dfrac{a^2}{4}\right)}{R\left(1 + \dfrac{a^2}{6}\right)} = \frac{V_1}{R}\left(1 + \frac{a^2}{12}\right) = \frac{V_1}{R}\left(1 + j\frac{\omega CR}{12}\right)$$

Las dos expresiones de las dos corrientes son iguales y el ángulo de fase en el borne de baja tensión es igual al ángulo de fase en el borne de alta tensión. Si α y β son los ángulos de fase en el terminal de tierra y en el terminal de alta tensión respectivamente

$$\alpha = \beta = \frac{\omega CR}{12}$$

Este caso tiene mucha importancia en la práctica y cuando una serie de resistores se usa para constituir varias unidades blindadas. Los blindajes son generalmente mantenidos al potencial medio de las unidades que tienen blindaje.

El análisis anterior demuestra que el ángulo de fase depende del potencial del blindaje y resulta conocido, el cambio de α y β por la variación de potencial del blindaje desde el potencial medio $V_1/2$.

3.2.2. Capacitor serie

Un método adecuado para la medición de los valores eficaz y de pico de una tensión alterna es medir la corriente que pasa a través de un capacitor conectado a la fuente de alta tensión. La corriente se mide por medio de un circuito rectificador miliamperimétrico. Si en el circuito de la figura 3-7 la impedancia del rectificador, la corriente instantánea es

$$i = C \frac{de}{dt}$$

donde e es la tensión instantánea y C la capacidad. La carga a través de cada rectificador por ciclo es

$$\int i\, dt = C \int de = 2\pi\, fCE \int_{3\pi/2}^{\pi/2} \cos 2\pi\, f\, dt = 2CE$$

$$e = E \operatorname{sen} 2\pi\, ft$$

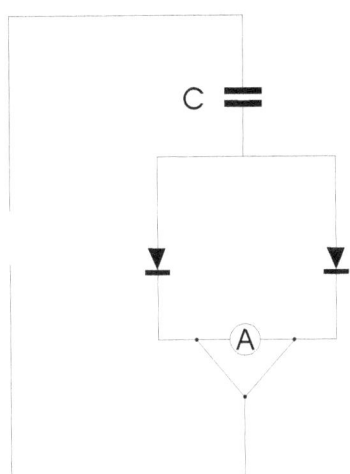

Figura 3.8. Circuito voltimétrico de pico.

La carga por segundo o el valor medio de la corriente a través del instrumento es

$$2CEf$$

donde f es la frecuencia de medición. Luego el voltímetro de pico mide la tensión total de pico a pico de una corriente alterna. La fuente principal de error es la imperfección en las características de los rectificadores

3.3. Voltímetro Electrostático de alto rango.

La fuerza mecánica entre dos electrodos cargados es frecuentemente usada para la medición de altas tensiones y el electrómetro de disco móvil diseñado por Lord **Kelvin** es uno de los primeros instrumentos basados en este principio. Un voltímetro electrostático consiste esencialmente en un par de electrodos de discos planos paralelos separados por una pequeña distancia. El disco móvil está blindado por un anillo de guarda fijo y ambos están al mismo potencial. Esta disposición crea un campo electrostático uniforme en el espacio central entre el disco móvil y el disco fijo.

La fuerza sobre el disco viene dada por

$$F = \frac{d^2}{l^2} V^2$$

d diámetro del disco móvil.
l distancia entre electrodos.
V diferencia de potencial entre electrodos.

Para medir un potencial dado con la precisión más elevada, el diámetro del disco debe ser aumentado y la distancia entre electrodo disminuida.

Un incremento en el diámetro del disco debe corresponderse con un incremento en el diámetro del anillo de guarda y del electrodo de oposición. Una disminución del espacio interelectródico reduce la tensión de trabajo en orden de mantener el gradiente de potencial en 5 kV/cm para voltímetros que operan en aire atmosférico.

La principal diferencia entre los diversos tipos de voltímetro electrostáticos radica en la forma de obtener el momento antagónico y el momento de movimiento del disco indicador.

La figura 3.9. muestra un circuito de un voltímetro electrostático desarrollado por **Brooks, Defondort**, y **Silsbee**.

El disco móvil M es el núcleo central del anillo de guarda G, el cual es del mismo diámetro que el disco fijo F. La campana D cubre la balanza sensible B, y en uno de sus brazos esta suspendido el disco móvil. El momento antagónico es provisto mediante la pesa R. La balanza tiene un espejo que refleja un haz luminoso que produce una amplificación del movimiento del disco. La distancia entre los dos electrodos es de alrededor de 100 cm para 275 kV de operación.

El campo se mantiene uniforme por medio de un divisor externo. Las derivaciones igualmente espaciadas se logran con los aros de guarda H-H. Los cuales rodean al espacio entre los discos F y M.

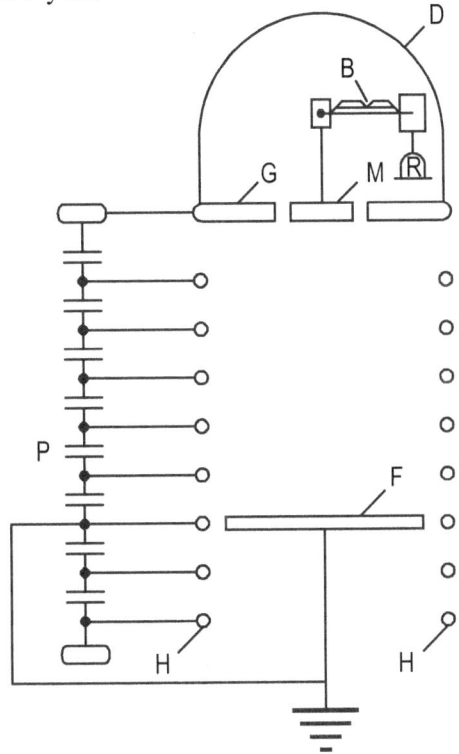

B	Balanza sensible.
D	Cubierta de la balanza sensible.
G	Anillo de guarda del disco móvil.
H	Anillos de guarda.
M	Electrodo móvil.
P	Divisor de potencial.
F	Electrodo fijo.
R	Pesa.

Figura 3.9. Circuito esquemático de un voltímetro electrostático.

Los aros están conectados a las respectivas derivaciones del divisor de potencial capacitivo P conectado a la vez a la tensión a medir. Los aros mantienen una distribución de potencial constante en el espacio.

Los voltímetros electrostáticos de alto rango usan como aislante entre electrodos gas a presión. Uno de esos instrumentos para tensión hasta 600 kV fue desarrollado por **Boker** y el medio aislante es generalmente gas dióxido de carbono a una presión de 15 Bar.

El vacío suele ser utilizado como medio aislante en voltímetro que trabajan con un gradiente de potencial hasta 100 kV/cm. Estos instrumentos resultan pequeños en comparación con instrumentos abiertos para igual tensión.

Los voltímetros que usan aire atmosférico trabajan a una tensión pico máxima de 100 kV y los de gas comprimido hasta 600 kV de pico. La exactitud de ambos instrumentos es alrededor del 0,1 %.

Los voltímetros electrostáticos absorben una potencia muy pequeña, especialmente en corriente continua.

La resistencia de aislación es afectada por la humedad y la corriente de pérdidas se incrementa con el aumento de la humedad.

El momento motor, en estos instrumentos, es proporcional al cuadrado de la tensión aplicada, resultando una escala no uniforme y no es posible obtener la misma exactitud de observación en todo el rango de operación. Los instrumentos que cubren un amplio rango de medición de tensión son provistos de diferentes discos móviles para diferentes rangos de tensión.

3.4. Voltímetro a Esferas

En el campo de las altas tensiones a frecuencia industrial, a impulso y a corriente continua se recurre al *voltímetro a esferas*, *explosor a esferas* o *espinterómetro*.

Se define como *espinterómetro* un dispositivo construido por dos esferas de igual diámetro en aire, sostenidas por partes metálicas, con eje vertical u horizontal, ajustables de manera de poder igualar con facilidad la distancia entre esferas.

La medición de tensión, obtenida por medio de estos aparatos están referidas al valor de cresta y a la distancia entre esferas normalmente definidas como *distancia explosiva*. No existe una relación lineal entre distancia explosiva y tensión de descarga. Los valores de tensión de descarga para cada distancia explosiva y diámetro normalizado de las esferas están en las tablas 3-3 y 3-4 al final de este capítulo.

Básicamente la conexión de uso normal es una esfera aislada y una conectada a tierra. Son indicadas también las distancias mínimas a observar durante la prueba en función del valor del diámetro de las esferas (D) y de la distancia explosiva (S) figura 3.10.

Los límites de precisión en la medición del diámetro y del grado de esfericidad de los electrodos son fijados por los normas internacionales.

En la preparación de la medición, se debe observar atentamente que las distancias fijadas por las normas entre las esferas y objetos próximos, tabla 3-1, sean respetadas porque el valor de la tensión de descarga correspondiente a la distancia explosiva puede variar falseando el resultado de la medición.

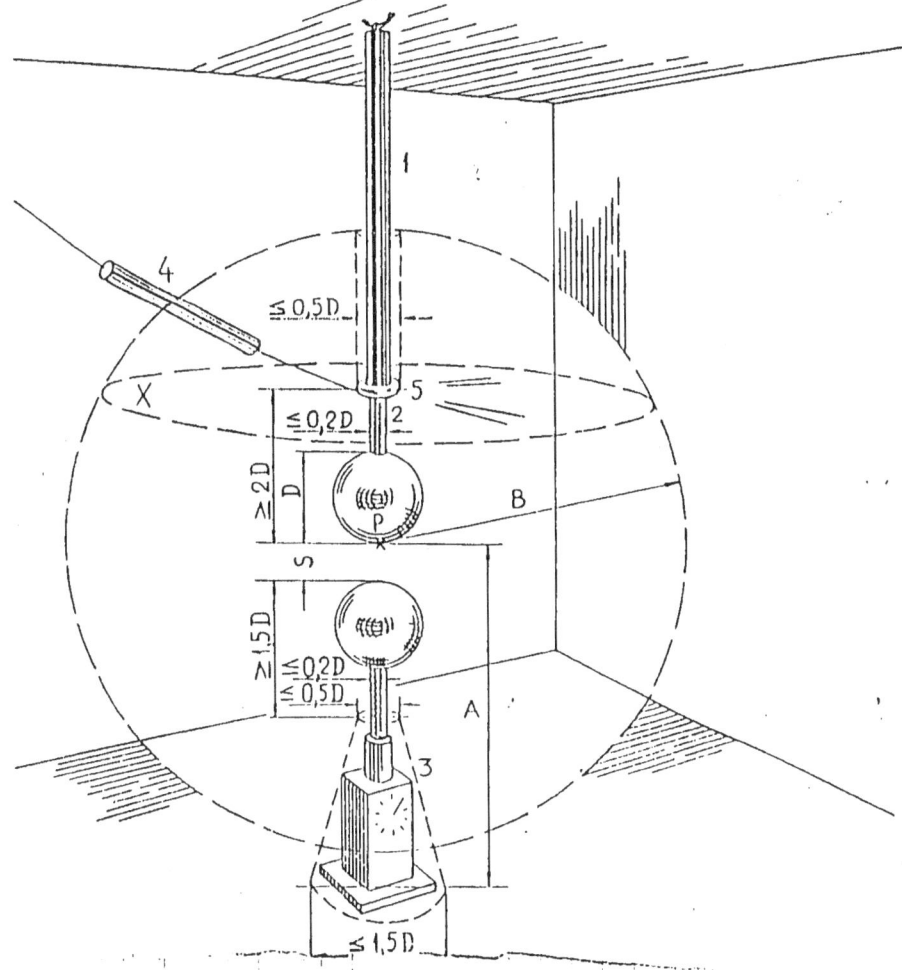

Figura 3.10. Explosor vertical.

1	Soporte aislante.
2	Vástago soporte de la esfera.
3	Mecanismo de movimiento con dimensiones máximas.
4	Conexión a la alta tensión con resistencia en serie.
5	Electrodo de homogeneización de campo con dimensiones máximas.
P	Punto de arco de la esfera de alta tensión.
A	Altura de P sobre el plano de tierra.
B	Radio libre de la esfera respecto de las estructuras externas.
X	Plano que no debe atravesar el órgano 4 dentro de la distancia B-P.

Tabla 3-1. Espacio libre alrededor de las esferas.

Diámetro de la Esfera D [cm]	Mínimo valor de A	Máximo valor de A	Mínimo valor de B
hasta 6.25	7 D	9 D	14 S
10-15	6 D	8 D	12 S
25	5 D	7 D	10 S
50	4 D	6 D	8 S
75	4 D	6 D	8 S
100	3.5 D	5 D	7 S
150	3 D	4 D	6 S
200	3 D	4 D	6 S

En general se conecta una de las esferas del explosor con el circuito de tierra, en modo directo, mientras que la parte metálica de la otra esfera se conecta al conductor proveniente del circuito de prueba.

El procedimiento usual es establecer, para un circuito particular de prueba, la relación entre la tensión de pico determinada por la distancia entre las esferas y la lectura de un voltímetro colocado en el circuito primario o en la entrada de la fuente de alta tensión.

En las mediciones con corriente continua y con corriente alterna se inserta una resistencia en serie en el circuito de la esfera de alta tensión o en el primario del transformador para limitar la corriente de arco a 1 Ampere y evitar así el deterioro de las esferas. Partiendo de un valor bajo de la tensión, se va aumentando lentamente para que pueda ser leído en el voltímetro de entrada el valor de la tensión de descarga aplicado a la distancia disrruptiva. El valor indicado será el que luego se utiliza para la prueba.

Otra forma es aplicar a las esferas una tensión constante la cual es lentamente disminuida hasta el mínimo en que el arco se mantiene. Este proceso se repite hasta que los resultados obtenidos no difieran entre sí en más o menos 3 % el que será tomado como valor final.

En resumen se puede decir que la medición con explosor a esfera consiste básicamente en establecer una relación entre la tensión medida con el explosor y una tensión mucho menor, como ser la tensión de alimentación del transformador elevador.

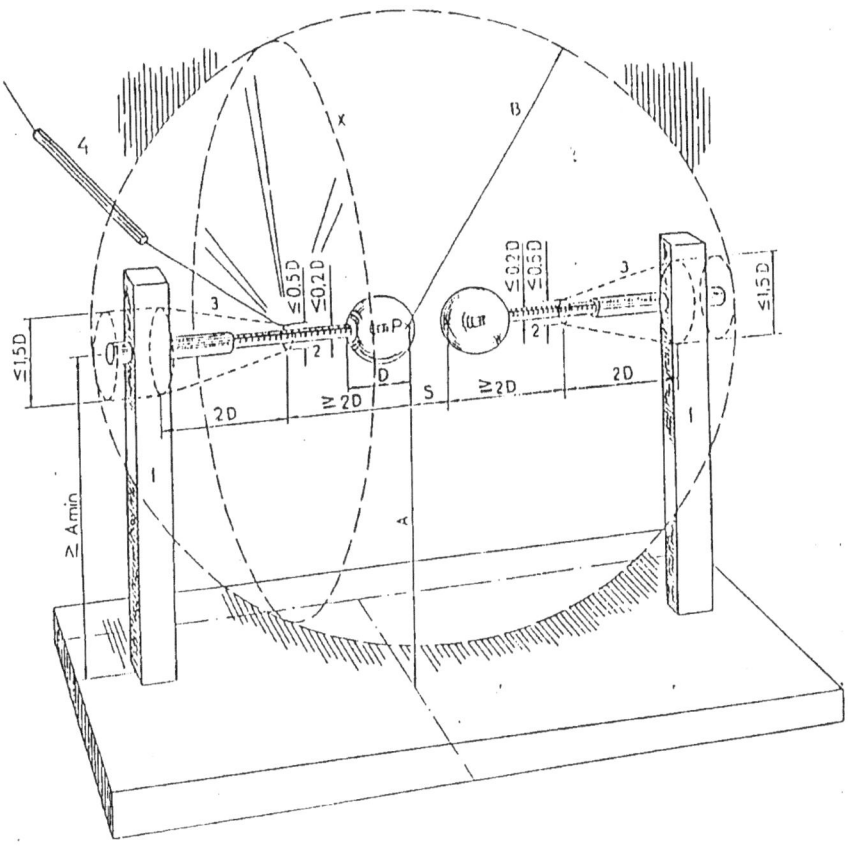

Figura 3.11. Explosor Horizontal.

1   Soporte aislante.
2   Vástago soporte de la esfera.
3   Mecanismo de movimiento con dimensiones máximas.
4   Conexión a la alta tensión con resistencia en serie.
P   Punto de arco de la esfera de alta tensión.
A   Altura de P sobre el plano de tierra.
B   Radio libre de la esfera respecto a la estructura metálica.
X   Plano que no debe atravesar el órgano 4 dentro de la distancia B.P.

En el caso de tensión de impulso, el explosor es usado para formar el sistema divisor-osciloscopio. La calibración se efectúa prefijando la distancia disrruptiva entre esferas del explosor y regulando la tensión entre los explosores del generador de impulso hasta conseguir que cada 10 impulsos, 5 descarguen en el explosor de medida, es decir la tensión de pico medida en la que produce descargas en el 50 % de sus aplicaciones.

El grado de exactitud de una medida de tensión obtenida mediante el uso del explosor a esferas puede ser del orden de más o menos ± 3 % para la tensión alterna y de impulso, mientras que para la tensión continua el grado de exactitud es del orden de más o menos ± 5 %.

3.4.1. Influencia de las condiciones atmosféricas

La tensión disrruptiva es proporcional a la densidad relativa del aire. Los valores establecidos en las tablas 3-3 y 3-4 son aplicables para una temperatura de 20 °C y una presión de 1013 milibar (760 mm de Hg a 0°C).

La tensión disrruptiva V para la densidad relativa del aire d, en función de la tensión disrruptiva V_n para condiciones atmosféricas normalizadas, viene dada por la siguiente expresión.

$$V = KV_n$$

K \qquad factor que depende de la densidad relativa del aire d.

La densidad relativa del aire viene expresada por

$$d = \frac{P}{1013} \cdot \frac{273+20}{273+t} = 0,289 \frac{P}{273+t} \begin{cases} P \ Milibar \\ t°C \end{cases}$$

$$d = \frac{P}{760} \cdot \frac{273+20}{273+t} = 0,386 \frac{P}{273+t} \begin{cases} P \ mm \ de \ Hg \\ t°C \end{cases}$$

La tabla 3-2 muestra los valores de K para diferentes valores de d.

La tensión de descarga disrruptiva entre esferas se incrementa con el incremento de humedad del aire. El valor numérico del incremento es incierto y oscila entre el 2 % y 3 % para valores de humedad que superan el valor normalizado de 11 g/m^3. Debido a esta incertidumbre se recomienda no efectuar ninguna corrección por humedad ambiente.

Tabla 3-2.

d	0,70	0,75	0,80	0,85	0,90	0,95	1,00	1,05	1,10	1,15
K	0,72	0,77	0,82	0,86	0,91	0,95	1,00	1,05	1,09	1,13

Tabla 3-3. Distancia entre esferas con una esfera a tierra.
Valores de tensión de pico de descarga disrruptiva en kV. (Valores del 50 % para tensión de impulso).
Válidos para: Corriente alterna.
  Onda de impulso completa negativa normalizada y de cola+ de larga duración.
  Corriente continua ambas polaridades.
Condiciones atmosféricas de referencia 20° C y 1013 milibar (760 mm de Hg a 0° C).

Dist. e/ Es[cm]	Diámetro de las esferas [cm]											
	2	5	6.25	10	12.5	15	25	50	75	100	150	200
0.05	2.8											
0.10	4.7											
0.15	6.4											
0.20	8.0	8.0										
0.25	9.6	9.6										
0.30	11.2	11.2										
0.40	14.4	14.4	14.2									
0.50	17.4	17.4	17.2	16.8	16.8	16.8						
0.60	20.4	20.4	20.2	19.9	19.9	19.9						
0.70	23.2	23.4	23.2	23.0	23.0	23.0						
0.80	25.8	26.3	26.2	26.0	26.0	26.0						
0.90	28.3	29.2	29.1	28.9	28.9	28.9						
1.0	30.7	32.0	31.9	31.7	31.7	31.7	31.7					
1.2	(35.1)	37.6	37.5	37.4	37.4	37.4	37.4					
1.4	(38.5)	42.9	42.9	42.9	42.9	42.9	42.9					
1.5	(40.0)	45.5	45.5	45.5	45.5	45.5	45.5					
1.6		48.1	48.1	48.1	48.1	48.1	48.1					
1.8		53.0	53.0	53.0	53.0	53.0	53.0					
2.0		57.5	58.5	59.0	59.0	59.0	59.0	59.0	59.0			
2.2		61.5	63.0	64.5	64.5	64.5	64.5	64.5	64.5			
2.4		65.5	67.5	69.5	70.0	70.0	70.0	70.0	70.0			
2.6		(69.0)	72.0	74.5	75.0	75.5	75.5	75.5	75.5			
2.8		(72.5)	76.0	79.5	80.0	80.5	81.0	81.0	81.0			
3.0		(72.5)	79.5	84.0	85.0	85.5	86.0	86.0	86.0	86.0		
3.5		(82.5)	(87.5)	95.0	97.0	98.0	99.0	99.0	99.0	99.0		
4.0		(88.5)	(95.0)	105	108	110	112	112	112	112		
4.5			(101)	115	119	122	125	125	125	125		
5.0			(107)	123	129	133	137	138	138	138	138	
5.5				(131)	138	143	149	151	151	151	151	
6.0				(138)	146	152	161	161	161	161	161	

Nota 1 para Tabla 3.3: Las Tablas no son válidas para medición de tensión de impulso menores a 10 kV.

Tabla 3.3. (Continuación)

Dist. e/	Diámetro de las esferas [cm]											
Es[cm]	2	5	6.25	10	12.5	15	25	50	75	100	150	200
6.5				(144)	(154)	161	173	177	177	177	177	
7.0				(150)	(161)	169	184	189	190	190	190	
7.5				(155)	(168)	177	195	202	203	203	203	
8.0					(174)	(185)	206	214	215	215	215	
9.0					(185)	(198)	226	239	240	241	241	
10					(195)	(209)	244	263	265	266	266	266
11						(219)	261	286	290	292	292	292
12						(229)	275	309	315	318	318	318
13							(289)	331	339	342	342	342
14							(302)	353	363	366	366	366
15							(314)	373	387	390	390	390
16							(326)	392	410	414	414	414
17							(337)	411	432	438	438	438
18							(347)	429	453	462	462	462
19							(357)	445	473	486	486	486
20							(366)	460	492	510	510	510
22								489	530	555	560	560
24								515	565	595	610	610
26								(540)	600	635	655	660
28								(565)	635	675	700	705
30								(585)	665	710	745	750
32								(605)	695	745	790	795
34								(625)	725	780	835	840
36								(640)	750	815	875	885
38								(655)	(775)	845	915	930
40								(670)	(800)	875	955	975
45									(850)	945	1050	1080
50									(895)	1010	1130	1180
55									(935)	(1060)	1210	1260
60									(970)	(1110)	1280	1340
65										(1160)	1340	1410
70										(1200)	1390	1480
75										(1230)	1440	1540
80											(1490)	1600
85											(1540)	1660
90											(1580)	1720
100											(1660)	1840
110											(1730)	(1940)
120											(1800)	(2020)
130												(2100)
140												(2180)
150												(2250)

Nota 2 para Tabla 3.3: Las cantidades entre paréntesis son para distancias mayores que 0,5 D y son de dudosa exactitud.

Tabla 3-4. Distancia entre esferas con una esfera a tierra.
Valores de tensión de pico de descarga disrruptiva en kV. (50 %).
Válidos para: Onda de impulso completa positiva normalizada y de cola de larga duración.
Condiciones atmosféricas de referencia 20° C y 1013 milibar (760 mm de Hg a 0° C).

Dist. e/ Es[cm]	Diámetro de las esferas [cm]											
	2	5	6.25	10	12.5	15	25	50	75	100	150	200
0.05												
0.10												
0.15												
0.20												
0.25												
0.30	11.2	11.2										
0.40	14.4	14.4	14.2									
0.50	17.4	17.4	17.2	16.8	16.8	16.8						
0.60	20.4	20.4	20.2	19.9	19.9	19.9						
0.70	23.2	23.4	23.2	23.0	23.0	23.0						
0.80	25.8	26.3	26.2	26.0	26.0	26.0						
0.90	28.3	29.2	29.1	28.9	28.9	28.9						
1.0	30.7	32.0	31.9	31.7	31.7	31.7	31.7					
1.2	(35.1)	37.8	37.5	37.4	37.4	37.4	37.4					
1.4	(38.5)	43.3	43.2	42.9	42.9	42.9	42.9					
1.5	(40.0)	46.2	45.9	45.5	45.5	45.5	45.5					
1.6		49.0	48.6	48.1	48.1	48.1	48.1					
1.8		54.5	54.0	53.5	53.5	53.5	53.5					
2.0		59.5	59.0	59.0	59.0	59.0	59.0	59.0	59.0			
2.2		64.0	64.0	64.5	64.5	64.5	64.5	64.5	64.5			
2.4		69.0	69.0	70.0	70.0	70.0	70.0	70.0	70.0			
2.6		(73.0)	73.5	75.5	75.5	75.5	75.5	75.5	75.5			
2.8		(77.0)	78.0	80.5	80.5	80.5	81.0	81.0	81.0			
3.0		(81.0)	82.0	85.5	85.5	85.5	86.0	86.0	86.0	86.0		
3.5		(90.0)	(91.5)	97.5	98.0	98.5	99.0	99.0	99.0	99.0		
4.0		(97.5)	(101)	109	110	111	112	112	112	112		
4.5			(108)	120	122	124	125	125	125	125		
5.0			(115)	130	134	136	138	138	138	138	138	
5.5				(139)	145	147	151	151	151	151	151	
6.0				(148)	155	158	163	164	164	164	164	

Nota: Las cantidades entre paréntesis son para distancias mayores que 0,5 D y son de dudosa exactitud.

Tabla 3.4. (Continuación)

Dist. e/ Es[cm]	Diámetro de las esferas [cm]											
	2	5	6.25	10	12.5	15	25	50	75	100	150	200
6.5				(156)	(164)	168	175	177	177	177	177	
7.0				(163)	(173)	178	187	189	190	190	190	
7.5				(170)	(181)	187	199	202	203	203	203	
8.0					(189)	(196)	211	214	215	215	215	
9.0					(203)	(212)	233	239	240	241	241	
10					(215)	(226)	254	263	265	266	266	266
11						(238)	273	287	290	292	292	292
12						(249)	291	311	315	318	318	318
13							(308)	334	339	342	342	342
14							(323)	357	363	366	366	366
15							(337)	380	387	390	390	390
16							(350)	402	411	414	414	414
17							(362)	422	435	438	438	438
18							(374)	442	458	462	462	462
19							(385)	461	482	486	486	486
20							(395)	480	505	510	510	510
22								510	545	555	560	560
24								540	585	600	610	610
26								570	620	645	655	660
28								(595)	660	685	700	705
30								(620)	695	725	745	750
32								(640)	725	760	790	795
34								(660)	755	795	835	840
36								(680)	785	830	880	885
38								(700)	(810)	865	925	935
40								(715)	(835)	900	965	980
45									(890)	980	1060	1090
50									(940)	1040	1150	1190
55									(985)	(1100)	1240	1290
60									(1020)	(1150)	1310	1380
65										(1200)	1380	1470
70										(1240)	1430	1550
75										(1280)	1480	1620
80											(1530)	1690
85											(1580)	1760
90											(1630)	1820
100											(1720)	1930
110											(1790)	(2030)
120											(1860)	(2120)
130												(2200)
140												(2280)
150												(2350)

3.4. Bibliografía

- Bowdler, G. W. *Measurements in High Voltage. Tésts circuits.* Pergamon Press.
- Kuffeland, E. Abdullah, M. *High Voltage Engineering.* Pergamon Press.
- Bossi, A. Coppi, E. *Misure Electtriche.* Hoepli.
- Alston. *High Voltage Technology.* Oxford University Press.
- International Electrotecnical Commision. *Recomendation for Voltage Measurement.* IEC.

4

Medición de Corriente

Los sistemas de transmisión de energía son diseñados para soportar pruebas de aislación en alta tensión y cumplir con especificaciones, pruebas de corriente de régimen continuo, con interrupciones transitorias. En muchos casos las pruebas de tensión y de corriente se hacen en forma separada, pero en otros como el ensayo de cortocircuito o de sobrecorriente por acción de los descargadores de sobretensión atmosférica, se hace necesaria la aplicación simultánea de la tensión y la corriente.

La corriente a medir es generalmente corriente alterna de frecuencia de 50 Hz con o sin componente transitoria superpuesta. Si la componente transitoria no está presente o no tiene consecuencias, el valor eficaz de la corriente se determina por medio de un amperímetro usado en conjunto con un transformador de corriente. En los transitorios, generalmente, es necesario registrar la forma de onda de corriente por medio de registradores, osciloscopios o memoria electrónica. En este caso se introduce en el circuito una resistencia de bajo valor, reducida constante de tiempo y la caída de tensión sobre la resistencia se registra como tensión proporcional a la corriente.

4.1. Transformadores de Corriente.

Los transformadores de corriente juntos con los transformadores de tensión son los elementos vitales de acoplamiento entre la alta tensión de corriente alterna, los sistemas de medición, protección y control del equipamiento usado.

El transformador de corriente consiste en dos bobinados sobre un núcleo común de alta permeabilidad. El primario, generalmente de una sola espira, transporta la corriente a medir. Los instrumentos de medición, que deben tener una baja impedancia interna, se conectan al secundario donde circula la corriente I_2.

No existen dificultades mayores para lograr que la corriente I_2 se encuentre en fase con I_1, y cumplir la condición

$$I_2 = \frac{I_1 N_1}{N_2}$$

donde N_1 y N_2 son los números de espiras del primario y secundario respectivamente. La corriente del secundario está normalizada en 1 A ó 5 A.

Error de relación y de fase de un transformador de corriente. Una medición de corriente efectuada usando un transformador de corriente es afectada, generalmente, de los errores debidos a las características constructivas del transformador de medición usado.

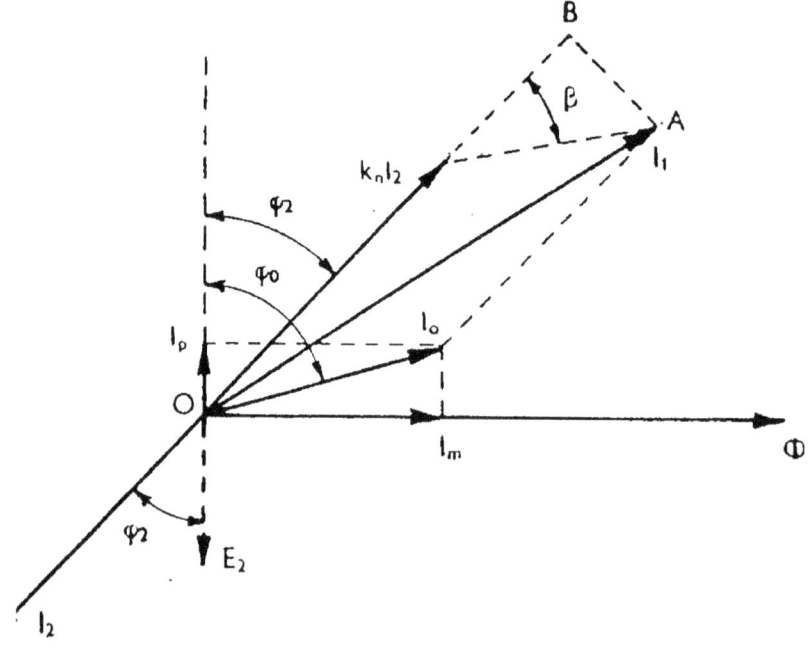

Fig. 4.1. Diagrama vectorial de un Transformador de Corriente.

Considerando el diagrama vectorial de la figura 4.1 tenemos

1° El valor de la relación entre la corriente primaria y la secundaria no es constante y depende del valor de la corriente de excitación que varía de acuerdo a la tensión inducida necesaria para hacer circular la corriente del secundario.

2°   Debido a la corriente de excitación, la corriente primaria no esta en oposición de fase con la corriente secundaria.

La corriente de excitación no es proporcional al flujo y ligado a ello la no linealidad del núcleo magnético se puede concluir que la forma del diagrama vectorial de la figura 4.1 varía, con la variación de la corriente primaria o con la variación de la carga del secundario.

El error de relación expresado en valor relativo porcentual viene dado por la expresión

$$\eta\% = 100 \frac{K_n - K}{K}$$

donde K_n es el valor nominal de la relación de transformación y K el valor real.

El error de ángulo o de fase ε viene definido como el ángulo de fase entre el vector de la corriente primaria y el de la corriente secundaria cambiado de signo, con la convención de considerar positivo el error de fase correspondiente a una corriente secundaria que cambiada de signo, resulte en adelanto sobre la corriente primaria.

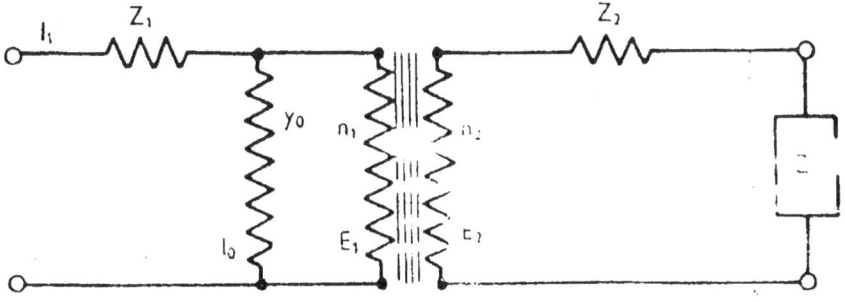

Fig. 4.2. Circuito equivalente de un Transformador de Corriente.

En el análisis del error de relación se ha considerado el valor de la relación nominal de transformación. Este valor difiere, casi siempre, del que surge de la relación entre el número de espiras del primario y del secundario (K_s).

Introduciendo esta nueva magnitud y considerando el circuito equivalente de la figura 4.2, se puede construir el diagrama vectorial de la figura 4.3 que resulta análogo al anterior, en el que se ha sustituido la relación de transformación nominal por la relación entre espiras.

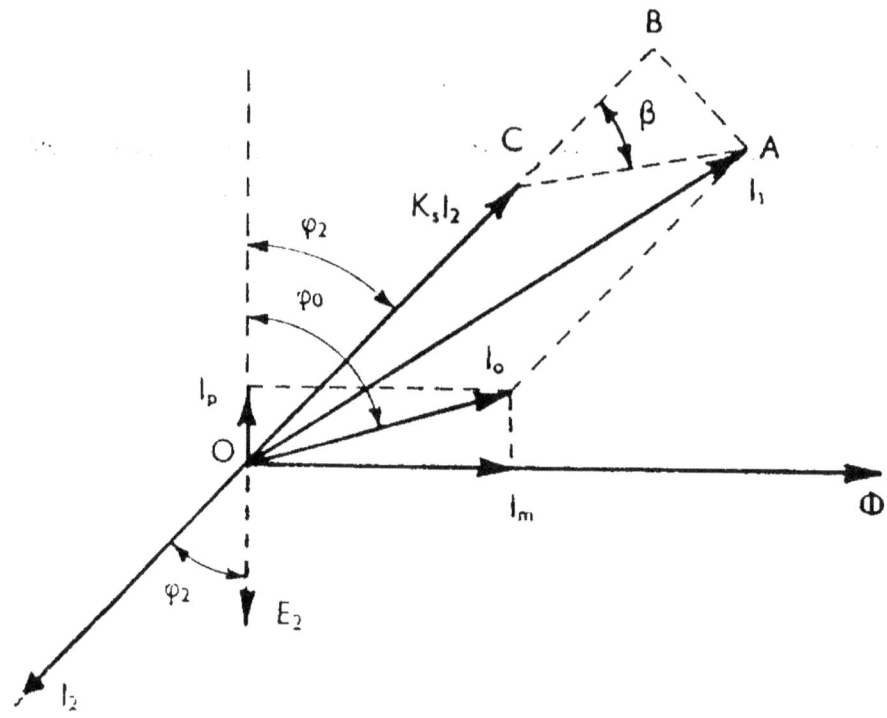

Fig. 4.3. Diagrama vectorial de un Transformador de Corriente para el análisis de los errores.

El análisis del diagrama vectorial permite establecer con suficiente aproximación la siguiente relación

$$I_1 \cong K_s I_2 + I_0 \cos\beta$$

El error de relación viene dado por

$$\eta = \frac{K_n I_2 - I_1}{I_1}$$

sustituyendo el valor de I_1 por el que se obtiene del diagrama de la figura 4.3 queda

$$\eta = \frac{K_n I_2 - K_s I_2 - I_0 \cos\beta}{I_1}$$

Esta expresión puede ser escrita con suficiente aproximación de la siguiente manera

$$\eta \cong \frac{K_n - K_s}{K_n} - \frac{I_0}{I_1} \cos\beta$$

El error de relación puede ser considerado como formado por términos, el primero es constante y se anula cuando $K_n = K_s$. En este caso el error de relación esta representado por el último termino,

$$\left(-\frac{I_0}{I_1} \cos\beta \right)$$

que es negativo.

El error de relación varia al variar el coseno del ángulo β que es

$$\beta = \varphi_0 - \varphi_1$$

Si se tiene en cuenta que para ángulos pequeños

$$\tan \varepsilon = \text{sen } \varepsilon = \varepsilon$$

considerando el diagrama vectorial de la figura 3-4 se puede decir que

$$\varepsilon \cong \text{sen } \varepsilon \cong \frac{AB}{OA} - \frac{I_0}{I_1} \text{sen }\beta$$

De estas consideraciones surge que el error de fase depende de la relación

$$\frac{I_0}{I_1}$$

y de la función sen β y será positivo siempre que $\varphi_0 > \varphi_1$, condición que en la práctica se cumple casi siempre.

En base a las definiciones de los errores de relación y de fase resulta posible arribar la definición del error complejo que es representado por el segmento AC de la figura 4.3.

De lo expuesto se deduce que el segmento BC es proporcional al error de relación y el segmento AB es proporcional al error de fase. El error complejo resulta de la expresión

$$E = \frac{K_n - K_s}{K_n} - \frac{I_0}{I_1}\cos\beta + j\frac{I_0}{I_1}\mathrm{sen}\,\beta.$$

Esta expresión es válida siempre que permanezca sinusoidal las formas de onda de la tensión aplicada, de la corriente magnetizante y del flujo, suponiendo lineal la característica tensión- corriente de la prestación.

4.2. Shunts.

Conjuntamente con un transformador de corriente puede ser usado un shunt para la medición de corriente. En este caso el shunt debe ir conectado al circuito secundario.

Para la segura y precisa definición de la impedancia, el shunt es diseñado con cuatro terminales. Fig. 4.4

Los terminales de corriente son CC′ y la tensión V es conectada al instrumento de mediciones por medio de los terminales de potencial PP′. La impedancia V/I en la condición de corriente alterna se expresa por

$$Z = R + j\omega L$$

donde R y L son las componentes resistivas e inductiva respectivamente.

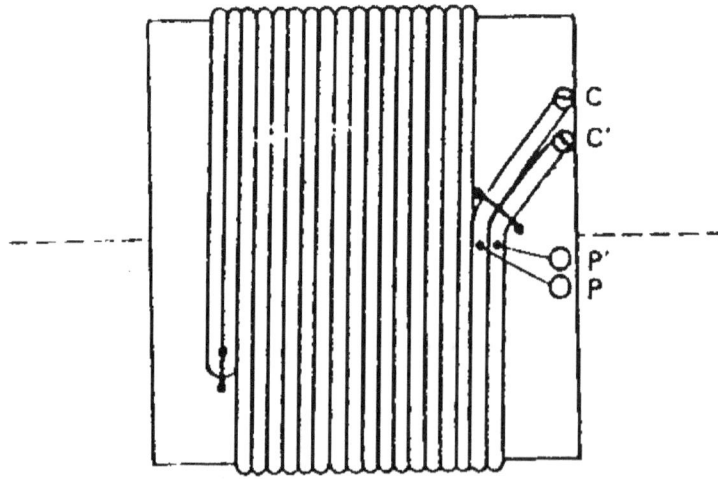

Fig. 4.4. Shunt bifilar de cuatro terminales.

El shunt puede ser diseñado para cubrir una banda de frecuencias. En tal caso R es sustancialmente igual a la corriente continua

$$\frac{\omega L}{R} \ll 1$$

Ambas condiciones requieren que el diámetro o el espesor del elemento resistivo, dependiendo si es cable o barra, sea menor que la profundidad nominal de la penetración de la corriente alterna en el mismo material para el límite superior de frecuencia de la banda respectiva. La penetración skin d_s se calcula por la expresión.

$$d_s = \sqrt{\frac{\rho}{\pi \mu \mu_0 f}}$$

f frecuencia
ρ resistividad
μ permeabilidad del material

El espesor d_s, para 1 MHZ es 0,35 mm para el constantan, 0,52 mm para el nichrome y 0,33 mm para la manganina.

Los valores de resistencia tienen la contribución de la capacidad paralelo cuya constante de tiempo es despreciable.

4.2.1. Shunts usados en el secundario de los Transformadores de Corriente.

El tipo usado generalmente es el de lazo bifilar de alambre esmaltado por el que circula la corriente secundaria evitando el aumento de temperatura o la variación de resistencia la constante de tiempo viene dada aproximadamente por

$$\frac{\mu_0 d^2}{16\rho} = \log \frac{18s}{7d}$$

donde

$$\mu_0 = 4\pi \times 10^{-7} \left[\frac{A}{m} \right]$$

d diámetro del conductor
s distancia entre ramas del lazo
ρ resistividad del material $[\Omega m]$

En estos casos suelen utilizarse resistencias de 1Ω, un lazo de 67 cm de largo y una relación

$$\frac{s}{d} = \frac{1}{10}$$

El material mas utilizado en el constantan de 1 mm de diámetro.

4.2.2. Shunts para grandes corrientes.

El rango de resistencia utilizado es del orden de 1Ω. En regímenes continuos de corriente son muchos menos utilizados que en regímenes transitorios. Sin embargo son diseñado para absorber el calor desarrollado por un transitorio ocasional de larga duración sin un excesivo salto de temperatura, una disipación de energía de 50 J por gramo del elemento resistivo a una temperatura de 120°C es permisible para un material aislante orgánico que no está en contacto con el elemento resistivo.

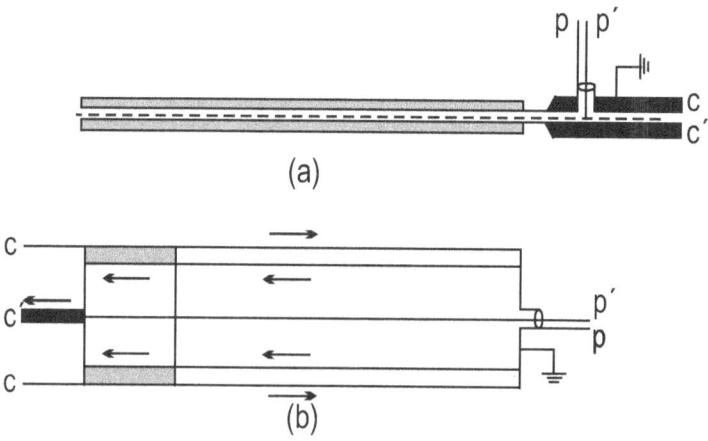

Figura 4.5. Shunt para grandes corrientes.

El necesario bajo valor de inductancia se obtiene usando montajes con coaxial exterior o de forma tubular (figura 4.5 a y b).

La constante de tiempo L/R para el resistor de la figura 4.5 (a) es aproximadamente

$$\frac{\mu_0 d^2}{3\rho}$$

donde *d* es el espesor.

La impedancia efectiva del resistor tubular (fig. 4.5 b) con un resistor cuya resistencia en corriente continua es *Rcc* viene dada por.

$$\frac{Z}{Rcc} = \frac{B}{\operatorname{senh}\beta} = 1 - \frac{B^2}{6} + \frac{7B^4}{360} \qquad [4\text{-}1]$$

donde

$$B^2 = \frac{j\mu_0 d^2 \omega}{\rho} = \frac{2jd^2}{d_s}$$

$$d_s = \sqrt{\frac{2\rho}{\omega\mu_0}}$$

Sustituyendo *B* en la ecuación 4-1 queda

$$\frac{Z}{Rcc} = 1 - j\frac{\mu_0 d^2 \omega}{3d_s^2} - \frac{7d^2}{90d_s^4} \qquad [4\text{-}2]$$

$$\frac{Z}{Rcc} = 1 - j\frac{d^2}{3d_s^2} - \frac{7d^4}{90d_s^4} \qquad [4\text{-}3]$$

Examinado la ecuación 4-3 se observa que la impedancia difiere poco de la resistencia en corriente continua para toda las frecuencias por lo que la penetración *Skin* es grande en el espesor del tubo. Sobre este rango de frecuencia la constante de tiempo de este resistor es

$$\frac{-\mu_0 d^2}{6p}$$

y es negativa.

La respuesta de la tensión *v* en los terminales de potencial del shunt tubular, por la aplicación de un escalón de corriente *I* en los terminales de corriente, deriva de la ecuación 4-1

$$v = IRcc \left[1 + 2 \sum_{m=1}^{m=\infty} (-I)^m \exp\left(\frac{-m^2 \pi^2}{\mu_0 d^2} \right) \right]$$

donde *t* es el tiempo medido desde el instante de aplicación de la corriente.

4.3. Bibliografía

- Bossi, A., Coppi, E. *Misure Elettriche*. Hoepli.
- Bowdler, G. W. *Measusements in High Voltage Test circuits*. Pergamon Press.
- Orth, H. *Tecnología de las Medidas Eléctricas*. Gustavo Gili.
- Stöckl, M. *Técnicas de Medidas Eléctricas*. Labor.
- Malewski, R. *Wirwond shunts for Measurement of Fast Current Impulses*. IEEE.

5

Medición de Impedancia

La medición de impedancia en alta tensión se basa fundamentalmente en la utilización de los puentes de corriente alterna. Estos puentes funcionan bajo los mismos principios que los puentes de corriente alterna de baja tensión. Aquí se tiene especial cuidado que el operador del instrumento no sea alcanzado por la alta tensión y los puentes, en su parte operativa, trabajan en baja tensión.

Los puentes de corriente alterna usados en la medición o comparación de impedancias permanecen tan independientes de la tensión, que una tensión baja será suficiente. En muchos casos el aumento de la tensión aumenta la temperatura o puede producir descargas gaseosas en el gas del objeto en prueba.

En dichas circunstancias la medición de impedancia debe efectuarse a la tensión de prueba.

El puente debe tener alta sensibilidad para todos los propósitos nominados. Si la tensión sobre la ramas de baja, $Z_3 y Z_4$, es del orden de 1V, los componentes de baja tensión pueden ser usados para la medición.

Dado que la impedancia Z_1 debe soportar la misma tensión que la impedancia Z_2, el requerimiento más importante es la provisión en la rama de Z_1 de una impedancia conocida que sea capaz de soportar la tensión requerida para la medición.

Las conexiones de baja tensión, las impedancias y el detector están blindados.

Las capacidades de los blindajes con respecto a tierra quedan en paralelo con $Z_1 y Z_2$. Los efectos de estas capacidades son neutralizadas por medio de la *tierra de Wagner* o del regulador de potencial. La impedancia Z_2 en el circuito del puente se calcula como:

$$Z_2 = \frac{Z_1 Z_4}{Z_3}$$

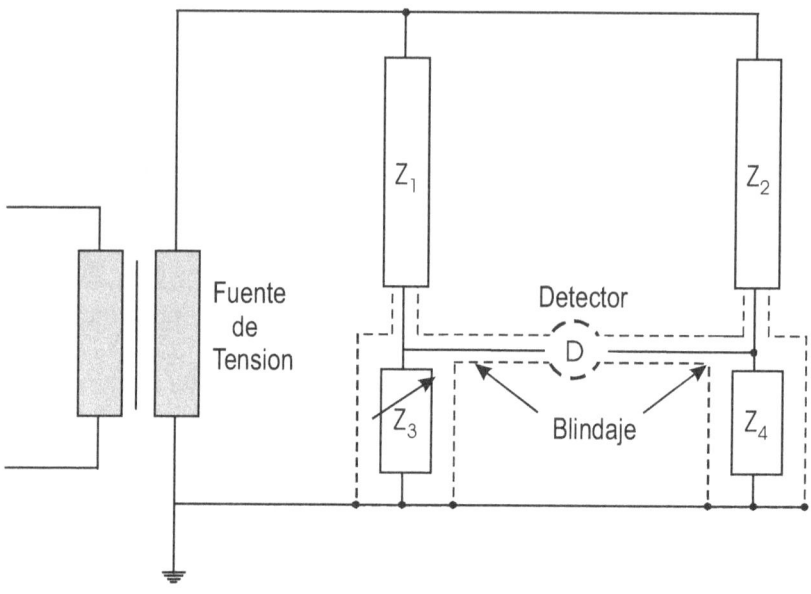

Fig. 5-1. Puente convencional por comparación de impedancias de alta tensión $Z_1 y Z_2$.

En el caso de cortocircuito en las ramas de alta tensión y cuando dichas ramas son capacitores en los que se produce la perforación de la aislación, se debe tomar precauciones para evitar el daño de las ramas de baja tensión y del detector. Lo usual es conectar en paralelo un tubo de descarga de baja tensión, colocando como respaldo un mini descargador en aire, en paralelo entre las dos ramas de baja tensión y calibrado para una rápida interrupción de la tensión de prueba en caso de descarga.

Los transitorios de corta duración entre $Z_3 y Z_4$ son limitados en su valor pico por medio de filtros pasabajos en el circuito de entrada del detector.

Si Z_3 es la rama ajustable del puente, una pequeña desviación δZ_3 desde la condición de equilibrio del puente, la tensión entre los bornes del detector a circuito abierto será $i_1 \delta Z_3$, donde i_1 es la corriente a través de Z_1. Conectando el detector, la caída de tensión entre sus bornes será

$$\frac{i_1 \delta Z_3 Z_D}{(Z_D + Z_3 + Z_4)}$$

donde los valores de $Z_3 y Z_4$ son pequeños comparados con Z_d, impedencia de entrada del detector, y pueden ser despreciados, con lo que se mantiene la condición de circuito abierto. Si la mínima tensión detectable es, δv, el consiguiente error $\delta Z_3 / Z_3$ en el puente de medición con la condición

$$\left(\frac{Z_3}{Z_4}\right) - Z_D$$

será inversamente proporcional a Z_3 e igual a $\delta v / v_3$ donde $v_3 = i_1 Z_3$. El incremento de sensibilidad se logra incrementando $Z_3 y Z_4$. El límite se alcanza cuando $Z_3 + Z_4$ se hacen grandes comparadas con Z_d. Una desviación desde el balance de aproximadamente

$$\frac{\delta Z_3 (Z_3 + Z_4)}{Z_3 Z_D}$$

resulta necesaria para producir una tensión $i_1 \delta Z_3$ a través del detector y el error de medición será

$$\frac{\delta Z_3 (Z_3 + Z_4)}{Z_3 Z_D}$$

y asumiendo que $Z_3 > Z_4$ que es rigurosamente constante e igual a

$$\frac{\delta i}{i_1} \quad \text{donde} \quad \delta i = \frac{\delta y}{Zd}$$

es la mínima corriente detectable. Como conclusión queda que es necesario usar un detector de alta sensibilidad de corriente.

5.1. Medición de Capacitancia.

La medición de capacitancia con puentes de medición de alta tensión es mas común y mas valiosa porque permite determinar las pérdidas dieléctricas y la calidad de la muestra ensayada efectuando la medición a la tensión de trabajo. Aplicando una tensión de forma de onda sinusoidal aparece a través del dieléctrico una corriente desfasada con respecto a la tensión, en $\pi/2$ radianes que es la correspondiente a un capacitor perfecto.

El pequeño ángulo de fase o angulo de pérdidas (δ) en dieléctricos de buena calidad están entre 10^{-4} y 10^{-2} radianes y no varia significativamente con la frecuencia de la tensión aplicada. Para un dieléctrico de baja calidad el ángulo de perdida es del orden de 10 radianes.

El factor de potencia de la muestra es igual sen δ. Las pérdidas de las muestra no representa la relación *capacitancia/resistencia* de la red, en la cual el ángulo de pérdidas es independiente de las frecuencias, sin embargo en los puentes de medición se considera un circuito equivalente de la red formado por una capacitancia C_s en serie con una resistencia R_s o una capacitancia C_p en paralelo con una resistencia R_p.

El *ángulo de pérdidas* para el circuito *serie* es

$$\delta = \tan^{-1} R_s C_s \omega$$

y para el circuito *paralelo*

$$\delta = \tan^{-1} \frac{1}{R_p C_p \omega}$$

La *impedencia* para el circuito *paralelo* es

$$Z = \frac{-jR_p}{\omega C_p \left(R_p - j\dfrac{1}{\omega C_p} \right)} = \frac{\dfrac{R_p}{\omega C_p} - jR_p^2}{\omega C_p \left(R_p^2 + \dfrac{1}{\omega^2 C_p^2} \right)} = \frac{\left(-j\dfrac{1}{\omega C_p} + \dfrac{R_p}{R_p^2 C_p^2 \omega^2} \right)}{\left(1 + \dfrac{1}{R_p^2 C_p^2 \omega^2} \right)}$$

para el circuito equivalente *serie* resulta

$$Z = R_s - j\frac{1}{\omega C_s}$$

$$R_s = \frac{R_p}{(1 + R_p^2 C_p^2 \omega^2)}$$

$$C_s = C_p \left(1 + \frac{1}{R_p^2 C_p^2 \omega^2} \right)$$

La medición del valor de la capacitancia dependerá del circuito utilizado, serie o paralelo, para un dieléctrico de alta calidad, la diferencia entre ambos circuitos es despreciable y para dieléctricos de baja calidad no se requiere mediciones de gran exactitud.

Las mediciones de capacitancias se efectúan generalmente con el puente de *Schering* ilustrado en la figura 5-2.

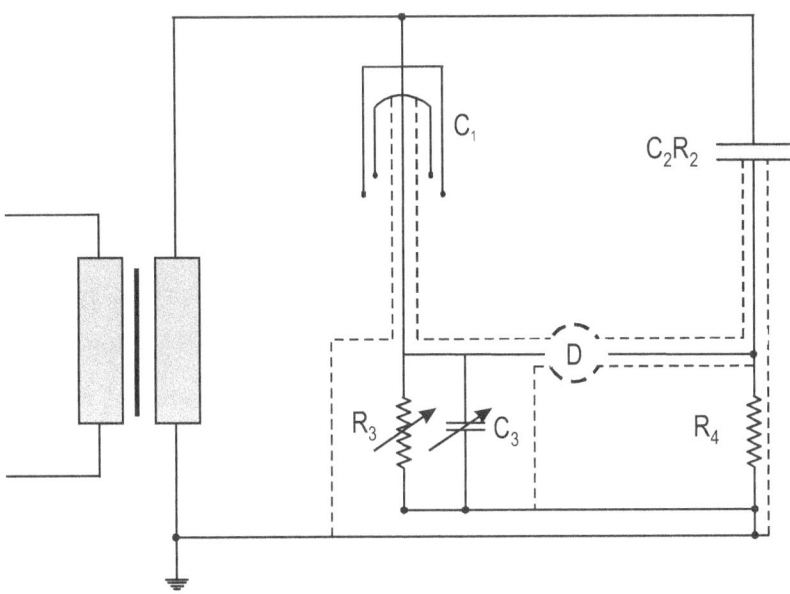

Fig. 5-2. Puente de Schering

Las ramas de alta tensión consisten en el capacitor patrón C_1 y el capacitor en prueba C_2 y las ramas de baja tensión en los resistores R_3 y R_4 uno de ellos finamente ajustable. El capacitor a medir esta formado por un capacitor ideal C_2 en serie con una resistencia R_2.

El equilibrio del puente, para la relación, se consigue por medio del resistor variable y para la fase ajustando el capacitor C_3, en paralelo con R_3.

Las impedancias en cada una de las cuatros ramas serán

$$Z_1 = -j\frac{1}{\omega C_1}$$

$$Z_2 = R_2 - j\frac{1}{\omega C_2}$$

$$Z_3 = \frac{R_3}{(1 + j\omega C_3 R_3)}$$

$$Z_4 = R_4$$

Cuando el puente está equilibrado

$$R_2 = \frac{R_4 C_3}{C_1}$$

$$C_2 = \frac{C_1 R_3}{C_4}$$
[5-1]

Angulo de pérdidas

$$\delta = \tan^{-1}\omega C_2 R_2 = \tan^{-1}\omega C_3 R_3$$
[5-2]

En pruebas de rutina donde la capacitancia C_2 es de mayor interés es conveniente usar un valor fijo de R_4, con lo que la ecuación [5-1] se transforma en una simple relación numérica entre C_2 y R_3.

Cuando el factor de pérdidas es de mayor interés es conveniente usar un valor fijo de R_3 (p.e. 1000/MΩ)

Así la ecuación [5-2] será una simple relación entre la tangente del ángulo de pérdidas de C_2 y el valor de C_3. En este último caso, cuando la relación

$$\frac{C_2}{C_1}$$

requiere de R_4 con baja constante de tiempo, el resistor debe ser fijo y de cuatro terminales. La variación necesaria de R_4 para el equilibrado del puente se obtiene por medio de un resistor de ajuste fino en paralelo con R_4.

En general la lectura directa de la capacitancia y de la $\tan\delta$ no es esencial.

5.2. Influencia de las Capacitancias Parásitas.

Cuando se miden con el puente de Schering capacitancias de bajo valor, las capacitancias C_a, C_b, C_4 y C_v con respecto a la tierra pueden influir notablemente en el resultado de la medición, figura 5-3.

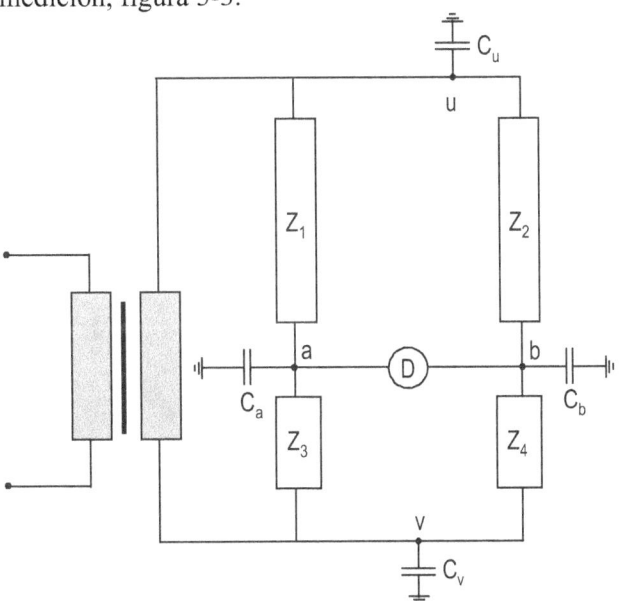

Figura 5.3

Por está razon es conveniente blindar los dispositivos de medición y eliminar o equilibrar esas capacitancias o al menos tener en cuenta su valor en el cálculo de los resultados de la medición.

Si en el puente de medición, el punto **v** se pone a tierra, la capacitancia C_v se anula, la capacitancia C_u queda en paralelo con la fuente de alimentación y no influye en la medición. La influencia de C_a y C_b consiste principalmente en capacitancias provenientes de los cables y pueden ser eliminadas por el cálculo o poniendo en paralelo capacitares suplementarios.

La eliminación real de C_a y C_b para las mediciones espaciales se logra por medio de brazos auxiliares, que es el único método eficiente.

5.2.1. Regulador de Potencial de Guarda.

El regulador de potencial de guarda ajusta el potencial del blindaje al mismo valor del potencial de las puntos *a* y *b* del detector.

Esta igualación de potenciales entre los punto **P** y **B**, (figura 5-4) hace que no haya pasaje de corriente a través de C_a y C_b y por lo tanto sus efectos quedan anulados.

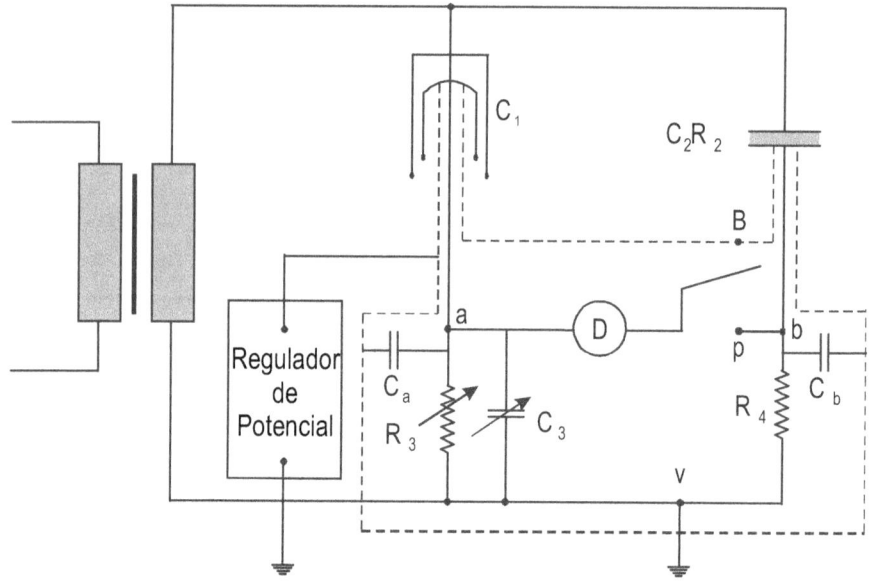

Fig. 5.4 Puente de Schering con Regulador de Potencial de Guarda.

Como los conductores a blindar presentan respecto a tierra potenciales variable en amplitud y en fase a ser equilibrados en un punto, el regulador de potencial pude suministrar una tensión igualmente regulable en amplitud y en fase, por medio de dos divisores de tensión, con ajustes grueso y finos, uno alimentado con una *tensión activa* o *longitudinal* y el otro por una *tensión reactiva* o *transversal*. La tensión de regulación resultante proviene de dos componentes rectangulares que pueden ser variada a voluntad dentro de la gama de 2, 10 y 50 Volts en sentido positivo o negativo, figura 5-5. La coincidencia del potencial del blindaje con el potencial del regulador se controla por un detector de cero.

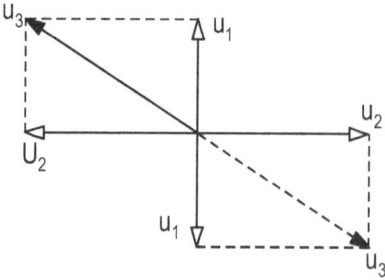

Fig. 5-5.

5.2.2. Brazo Auxiliar de Wagner.

Cuando los niveles de regulación dados por el regulador de potencial no son suficientes, como en el caso de mediciones de alta sensibilidad y en particular cuando se registran variadores de tensión de la red, se reemplaza el regulador de potencial por el *Brazo Auxiliar de Wagner*.

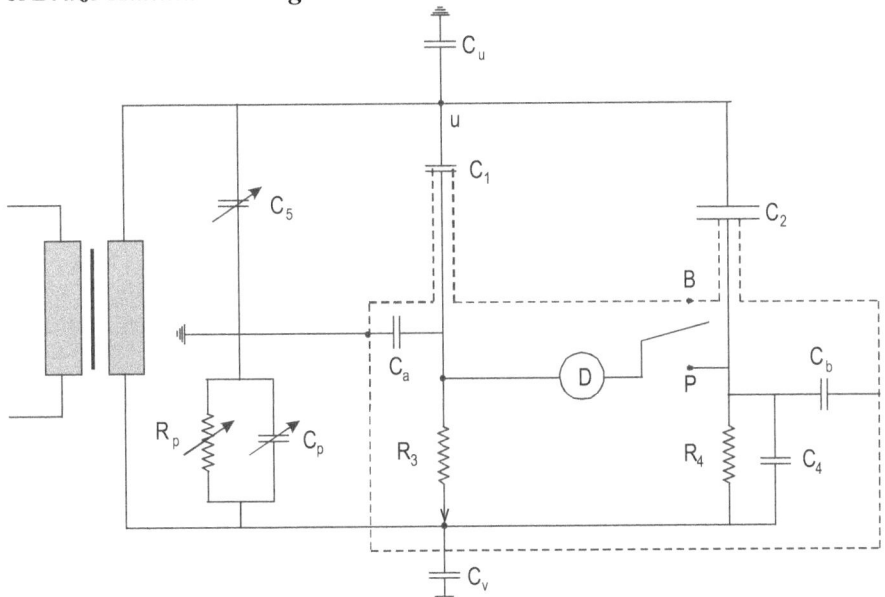

Fig. 5.6. Puente de Schering con brazo auxiliar de Wagner.

El brazo auxiliar de Wagner está montado en paralelo con el puente de Schering entre los puntos **u** y **v** y está compuesto por C_s, R_p y C_p correspondiente a los elementos del puente C_2, R_4 y C_4. Para mantener la estabilidad se debe cumplir que $C_s \geq C_2$ y $R_p \geq R_4$, figura 5-6.

La capacidad parásita C_u está en paralelo con C_s, la capacidad inferior C_v está en paralelo con C_p. Las dos capacidades C_a y C_b son eliminados por la regulación de potencial cuando el puente y el brazo auxiliar de Wagner sean equilibrados.

El capacitor C_s deberá esta capacitado para soportar la tensión de medición. Por lo general la tensión de prueba no supera los 1000 V.

5.3. Medición de Pérdidas Dieléctricas.

El método mas común para la medición de tangente de pérdidas es el puente de Schering. El puente de medición de capacitancias y ángulos de pérdidas de un capacitor es el mostrado en la figura 5.7 y la medición se realiza por comparación de un capacitor patrón en aire o gas cuyas pérdidas son despreciables a la frecuencias de medición.

Una de las ramas del puente consiste en una muestra del dieléctrico cuyas pérdidas se determinan. En las pérdidas dieléctricas, la corriente a través del capacitor, forma con la tensión de entrada un ángulo $(90-\delta)$ ligeramente inferior a 90°. Las condiciones son representadas por una capacitancia pura C_2 conectada en serie o en paralelo con una resistencia pura R_2.

La potencia disipada por la resistencia representa las pérdidas dieléctricas del capacitor. La condición de equilibrio del puente se logra mas fácilmente con el circuito equivalente serie que el paralelo, para esta última formas se justifica solo en el caso de especímenes de muy bajas pérdidas dieléctricas.

En la mayoría de los casos prácticos el circuito equivalente serie resulta satisfactorio. Cuando la tangente de perdida es grande, el circuito serie indica un vector demasiado bajo de la permitividad relativa (ε_s).

Los valores de la permitividad obtenidos con circuito serie (ε_s) y con circuito paralelo (ε_p) se relaciona por la siguiente expresión

$$\varepsilon_p = \frac{\varepsilon_s}{1 + \tan^2 \delta}$$

En mediciones de alta precisión se usa el circuito paralelo.

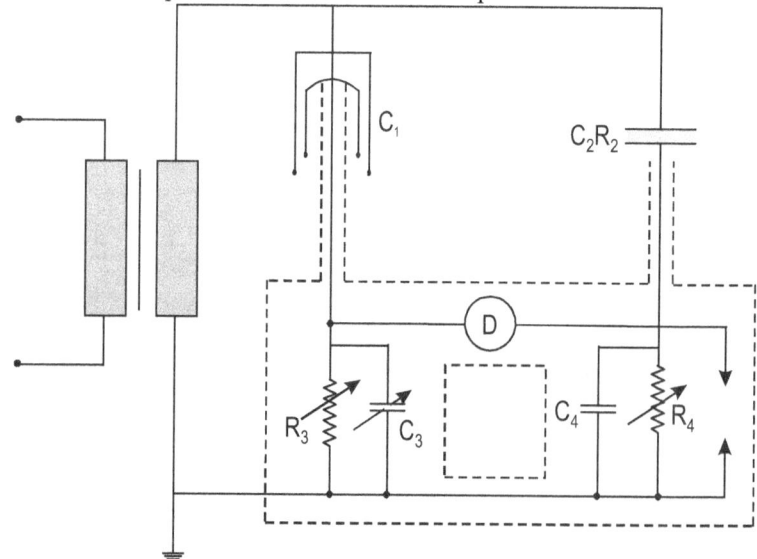

Fig. 5.7. Puente de medición de pérdidas dieléctricas.

De la condición de equilibrio obtenido con el detector indicador cero en el circuito de la figura 5-7 surge

$$C_2 = C_1 \frac{R_3}{R_4}$$

$$R_2 = \frac{C_3 R_4}{C_1}$$

$$\omega C_2 R_2 = \omega C_3 R_3$$

$$\tan \delta = \omega C_3 R_3$$

R_4 es usualmente una resistencia variable por décadas y un valor máximo de $10.000\,\Omega$. R_3 es constante y C_3 variable. En los puentes prácticos C_3 es calibrado directamente en valores de $\tan \delta$.

5.4. Medición de Resistencia.

Considerando, en el circuito de la figura 5-1, que la impedancia Z_1 es un capacitor de bajas pérdidas, Z_2 como una resistencia de alta tensión R_2 y las ramas Z_3 y Z_4 compuestos por un capacitor fijo C_3 y un resistor variable con ajuste fino en magnitud y fase se tiene

$$R_2 = \frac{C_3 R_4}{C_1}$$

$$\phi_2 = \phi_4 - \delta_3$$

donde ϕ_2 y ϕ_4 son los ángulos de fase de los resistores R_2 y R_4, considerándolos como positivos si es inductivo y δ_3 es el ángulo de pérdidas de C_3.

El balance de fase puede ser obtenido por medio de un inductor L_4 en serie con R_4 y un capacitor en paralelo C_4, figura 5-8 (a). R_4 incluye la resistencia del inductor y ϕ_4, de pequeño valor, resulta igual a

$$\phi_4 = \tan^{-1}\left(\frac{L_4}{R_4} - R_4 C_4\right)\omega$$

Alternativamente el balance de fase puede ser obtenido con un inductor mutuo variable, figura 5-8 (b). El ángulo de fase está determinado por

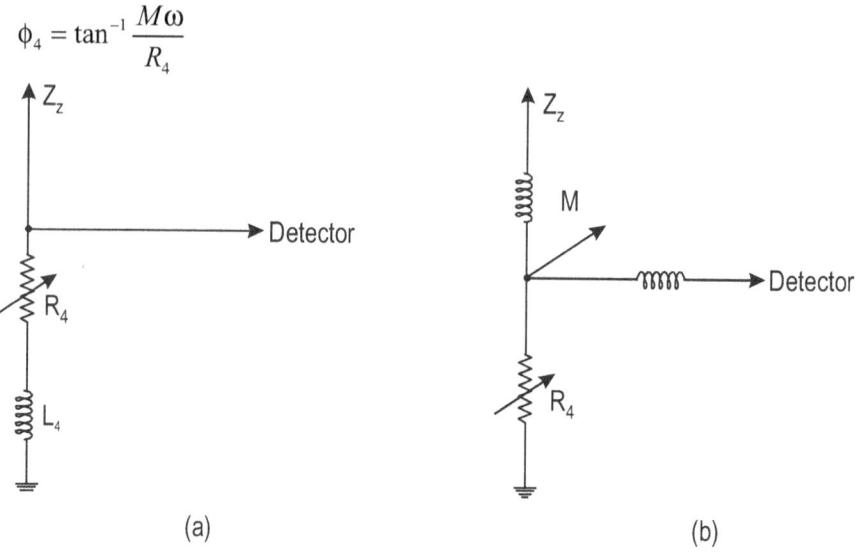

$$\phi_4 = \tan^{-1} \frac{M\omega}{R_4}$$

Fig. 5.8. Métodos alternativo de ajuste del ángulo de fase ϕ_4 .

La impedancia del arrollamiento primario del inductor es en general despreciable frente a R_2 .

Un método alternativo para la medición de resistencia en el circuito conocido como **Puente de Carey Foster**, figura 5-9.

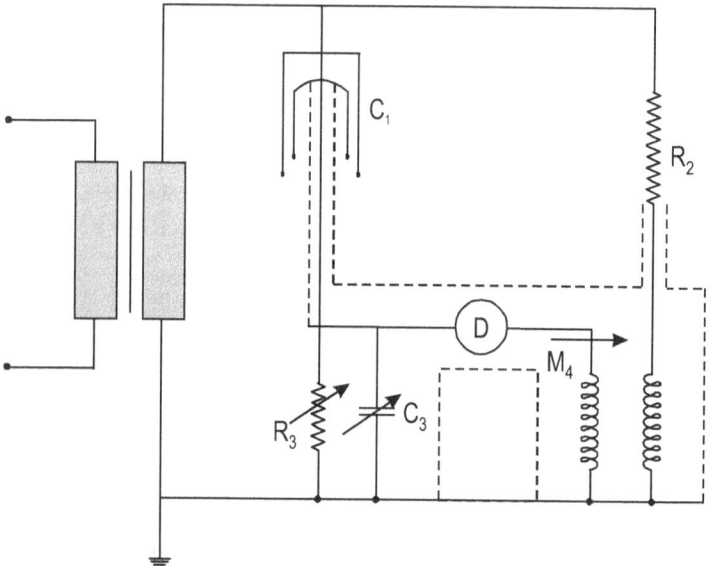

Figura 5.9.   Puente de Carey Foster para medición de la resistencia.

Cuando el puente es balanceado ajustando R_3 (ó M_4) y C_3 tenemos

$$R_2 = \frac{M_4}{C_1 R_3}$$

$$\phi_2 = \tan^{-1} R_3 \left(C_1 + C_3 \right) \omega$$

5.5. Medición de Inductancia.

La inductancia y el factor de potencia de un reactor de alta tensión pueden ser medidos con un circuito puente como el mostrado en la figura 5-10 el cual es derivado del puente de Schering. La corriente del reactor fluye del arrollamiento primario de un transformador de relación de transformación $K \lfloor \varphi$.

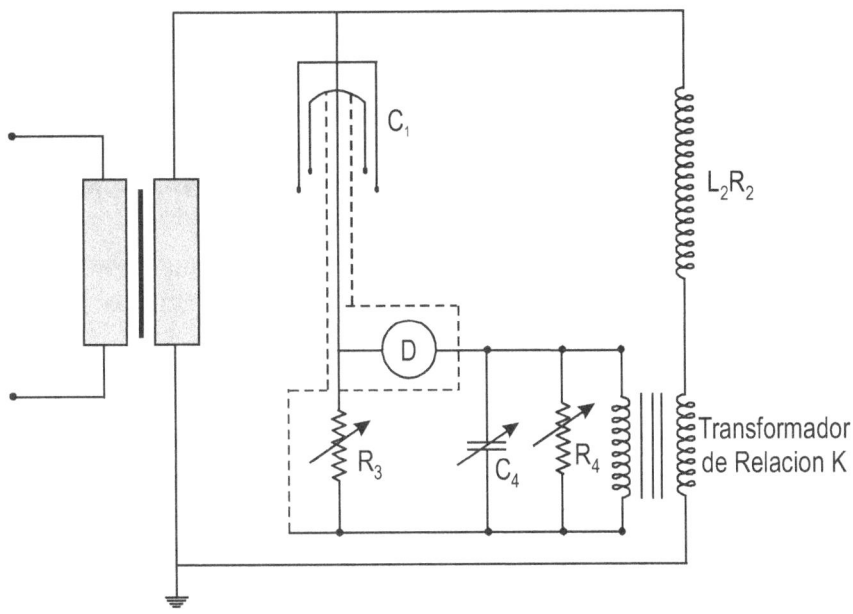

Fig. 5.10. Puente para medición de Inductancia.

El arrollamiento secundario está conectado a un resistor no inductivo R_4. La corriente en R_4 está en oposición de fase con la corriente del primario y por consiguiente en fase con la corriente en el capacitor.

Considerando despreciable la diferencia entre las tensiones sobre C_1 y L_2 y balanceando el puente con el ajuste de R_2 y C_2 queda

$$L_2 = \frac{R_4}{R_3 C_1 \omega^2 K}$$

el factor de potencia es:

$$F = \frac{R_2}{L_2 \omega} = R_4 C_4 \omega - \phi$$

ϕ es el error de fase en radianes del transformador y se lo considera positivo cuando la corriente del secundario invertida está en adelanto con la corriente primaria. Este error puede ser despreciado si se usan transformadores especialmente diseñados.

5.6. Bibliografía

- Terman y Pettit. *Mediciones Electrónicas*. Arbó.
- Stöckl, M., Winterling, K. H. *Tecnica de las Mediciones Eléctricas*. Labor.
- Bossi, A., Cappi, E. *Misure Elettriche*. Hoepli.
- Bowdler, G. W. *Measurement in High VoltageTest Circuits*. Pergamon Press.
- Kuffeland, E., Abdullah, M. *High Voltage Engeneering*. Pergamon Press.

6

Detección y Medición de Descargas Parciales

6.1. Descargas Parciales

6.1.1. Definición

La descarga eléctrica que no establece un puente que anule el espacio distante entre dos electrodos se denomina descarga parcial. Estas descargas pueden producirse en la cavidad de un sólido, descarga sobre una superficie o descarga por efecto de un electrodo de punta aguda en alta tensión. La magnitud de las descargas parciales es, por lo general, pequeña pero su persistencia en el tiempo puede causar un deterioro progresivo de la aislación y finalmente su perforación, por lo que resulta esencial detectar su presencia por medio de ensayos no destructivos.

Las descargas parciales abarcan un grupo grande de descargas en gases. En estas descargas las moléculas del gas son ionizadas por el impacto de electrones. Los nuevos electrones ganan velocidad en el campo eléctrico, ionizando por impacto mas moléculas, produciéndose una avalancha de electrones. Los electrones en avalancha y los iones rezagados dan paso a los electrones produciéndose un pasaje de corriente a través del gas.

6.1.2. Clasificación

Una forma de clasificar los diferentes tipos de descargas es la mostrada en el diagrama de la figura 6-1.

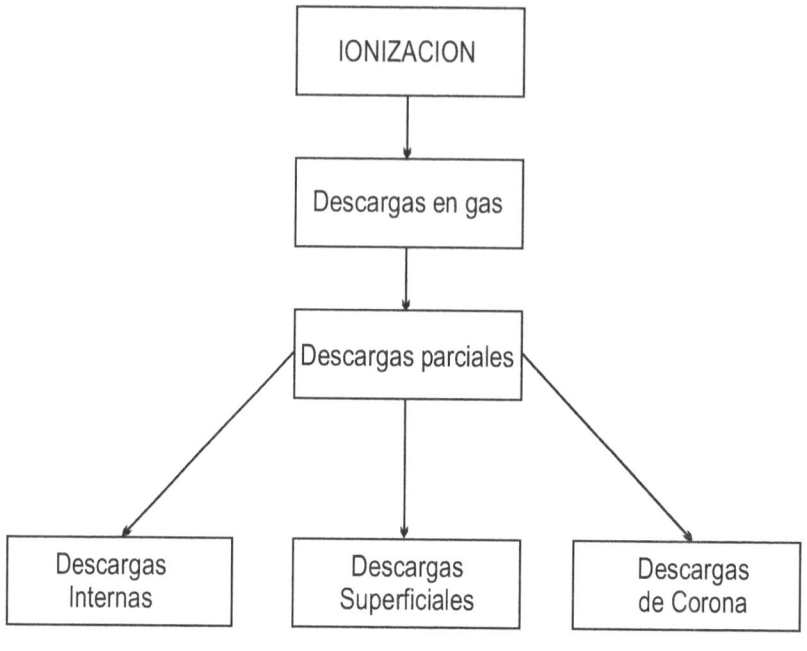

Figura 6.1.

6.2. Descargas Internas.

6.2.1. Principio de las Descargas Internas

Las descargas internas en un dieléctricos ocurre en inclusiones de materiales de baja rigidez dieléctrica. El material de la inclusión se perfora con un campo eléctrico de baja intensidad, comparado con el nivel de perforación del material del dieléctrico.

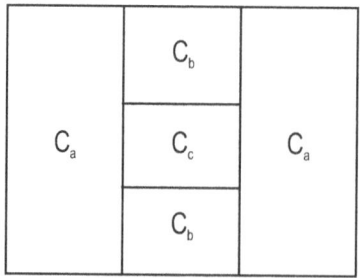

Figura 6.2.

Consideramos una cavidad gaseosa en un material aislante sólido. En la figura 6-2 puede observarse el modelo de una cavidad pequeña, donde C_c, C_b y C_a representan las capacitancias de la cavidad y del resto del dieléctrico sólido respectivamente.

Por la continuidad del vector desplazamiento eléctrico D, normal a las superficies horizontales de la cavidad tenemos

$$\varepsilon_c E_c = \varepsilon_b E_b \qquad\qquad [6\text{-}1]$$

donde

ε_b y ε_c son las constantes dieléctricas de la cavidad y del dieléctrico respectivamente.

E_c Campo eléctrico en la cavidad.

E_b Campo eléctrico en la cavidad.

Por consiguiente el campo eléctrico en la cavidad será:

$$E_c = \frac{\varepsilon_b}{\varepsilon_c} \cdot E_b \qquad\qquad [6\text{-}2]$$

pero como $\varepsilon_b > \varepsilon_c$ implica $E_c > E_b$, es decir que el campo eléctrico en la cavidad es mayor que en el dieléctrico. Esto sumado a una rigidez dieléctrica menor en el gas, asegura que la descarga ocurre en la cavidad.

6.2.2. Descargas Internas en Corriente Alterna.

El campo formador de las descargas internas en corriente alterna puede ser descripto mediante el circuito equivalente de la figura 6.3, donde V_a es la tensión aplicada al dieléctrico bajo prueba, mientras que la tensión a través de la capacidad es V_c.

Cuando la tensión V_c alcanza el valor de la tensión de ruptura U^+, ocurre una descarga en la cavidad y la tensión cae a V^+. La caída de la tensión se produce en un tiempo menor que $10^{-7}s$. Durante este tiempo la tensión V_a muestra una variación prácticamente nula, de que manera que la caída de tensión en la cavidad puede considerarse como una función escalón.

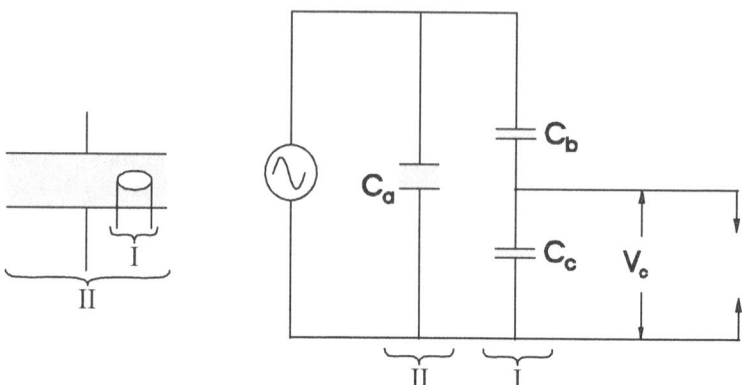

Figura 6.3.

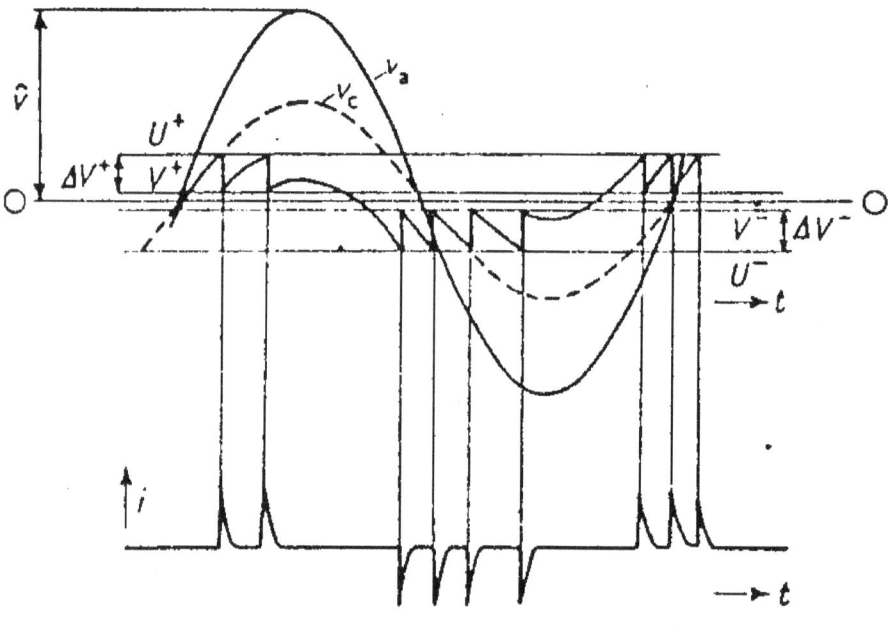

Figura 6.4

Una vez que la descarga se extinguió, la tensión a través de la cavidad aumenta nuevamente y cuando alcanza el valor U^+ se produce una nueva descarga. El fenómeno puede repetirse varias veces hasta que la tensión V_a sobre la muestra cambie de polaridad. Cuando V_a alcanza el valor U^-, un nuevo grupo de descargas vuelve a producirse.

La descarga en la cavidad provoca impulsos de corriente en los terminales de la muestra. Estos impulsos se muestran en la figura 6.4. Puede observarse que estos impulsos se encuentran concentrados en la zona donde la tensión aplicada a la muestra crece o decrece más rápidamente. Si los incrementos de tensión son iguales, es decir $\Delta V^+ = \Delta V^-$, en la pantalla del osciloscopio del equipo detector de descargas se observan los impulsos como una figura estacionaria sobre la base de tiempo de 50 Hz. Si $\Delta V^+ \neq \Delta V^-$ aparecen los impulsos en movimiento alrededor de la base del tiempo.

La tensión a través de la muestra a la cual las descargas comienzan, cuando la tensión va en aumento, se llama *tensión de ignición*. Cuando la tensión va en disminución después que la descargas han comenzado, la tensión a la cual las descargas desaparecen se llama *tensión de extinción*. Esta suele tener un valor más bajo que la tensión de ignición las tensiones residuales V^+ y V^- se llaman *tensiones remanentes*.

6.2.3. Descargas Internas en Corriente Continua.

Cuando una tensión de corriente continua es aplicada a la muestra, la descarga interna se produce durante la elevación de la tensión, igual que en corriente alterna.

Una vez que la tensión alcanza un valor constante las descargas son poco frecuentes. El dieléctrico puede ser representado como en la figura 6.5.

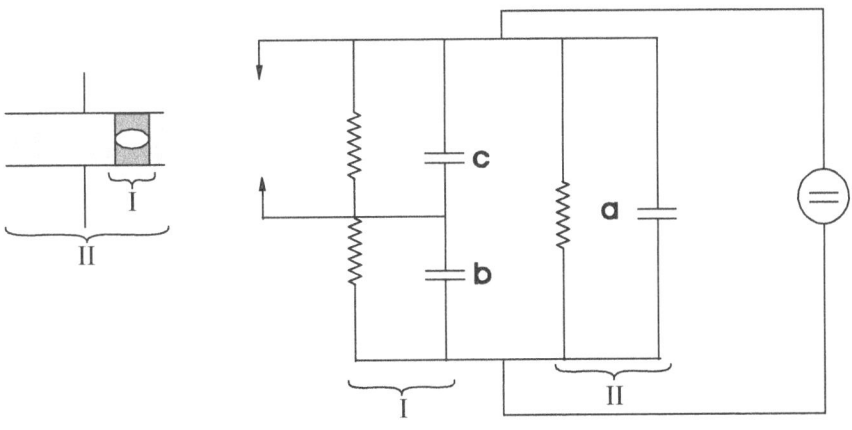

Figura 6.5.

La capacidad C se carga continuamente por medio de la conductancia G en serie con C y se descarga cuando la tensión alcanza el valor de ignición en la cavidad. El número de descargas por unidad de tiempo aumenta con la tensión y disminuye con la resistencia del dieléctrico.

Rogers y **Skipper** calcularon la frecuencia de repetición de la descarga en una cavidad esférica. En el especial caso de una cavidad laminar y de conductividad de las paredes nulas, la máxima frecuencia de repetición viene dada por

$$f \simeq 1{,}13x10^{11}\sigma\frac{E}{Ei}$$

[6-3]

Si la cavidad es esférica, la frecuencia de repetición, es generalmente un cincuenta por ciento superior. Los símbolos usados en la formula 6-3 son

σ conductividad especifica del dieléctrico $\left(\dfrac{S}{m}\right)$.

E tensión aplicada al dieléctrico $\left(\dfrac{kV}{mm}\right)$

E_i tensión de ignición en la cavidad $\left(\dfrac{kV}{mm}\right)$

6.3. Descargas Superficiales.

6.3.1. Comienzo de las Descargas Superficiales

Las descargas superficiales ocurren cuando existe una componente del campo eléctrico paralela a la superficie del dieléctrico. Esto ocurre en aisladores, atravesadores, terminación de cables y superficies exteriores. Las descargas afectan al campo eléctrico y en general se extiende mas allá de la región donde se origina la elevada componente del campo eléctrico que las causó.

6.3.2. Descargas en Aire

En pocos casos de tensión de comienzo puede ser calculada. Tomemos una configuración de electrodos plano-plano en aire con borde filoso, de radio de curvatura Δ, en serie con un dieléctrico *d* como en la figura 6.6.

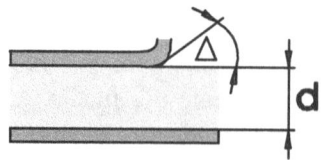

Figura 6.6

Si la inhomogeneidad del campo eléctrico es despreciada, la tensión de ignición será

$$V_i = \Delta E_i + d\frac{E_i}{\varepsilon} \qquad [6\text{-}4]$$

E_i es la tensión de descarga del espacio Δ que varia con la presión del gas. Si la tensión de descarga de espacio en aire U_i es introducida, queda

$$V_i = U_i + \frac{d}{\varepsilon\Delta}U_i \qquad [6\text{-}5]$$

$$V_i = U_i\left(1 + \frac{d}{\varepsilon\Delta}\right) \qquad [6\text{-}6]$$

Esta expresión tiene un mínimo, que es mostrado en la figura 6.7 donde V_i es una función de Δ. A este mínimo se produce la descarga en el espacio.

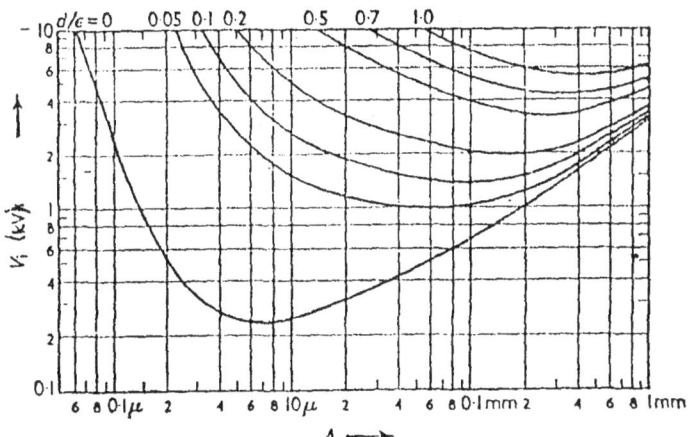

Figura 6.7. $V_i = f(\Delta)$ de acuerdo a la ecuación (6-6) para diferentes espesores de aislante y constantes dieléctricas.

Si el electrodo superior está separado del dieléctrico como en la figura 6-8, aplicando la ecuación (6-6) V_i no representa el mínimo de la figura 6-7 para la actual distancia Δ, que es menor que la correspondiente a la figura 6-7.

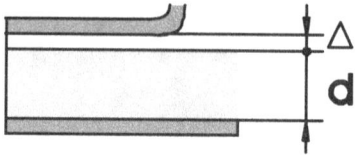

Figura 6.8.

6.3.3. Descargas Superficiales en Aceite

Una formula similar a la usada para el aire puede aplicarse para las descargas superficiales en aceite, pero la tensión de descarga U_i en el espacio se conoce con menor precisión que en el aire. La contaminación del aceite y la presencia de elementos sólidos tienen un efecto notable sobre la tensión de descarga. En los capacitores se presenta una situación similar donde la descarga superficial puede ocurrir sobre el borde de la pared metálica.

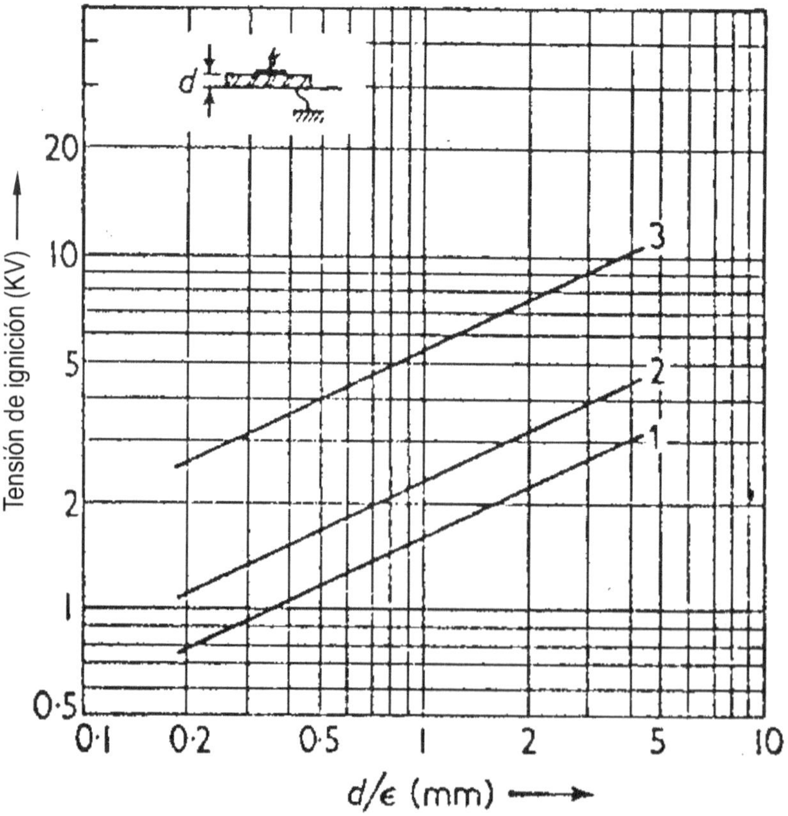

Figura 6.9.   Tensión de ignición de descarga sobre la pared de un capacitor según Kappeler. (1) en aire (2) hoja semiconductora aire (3) en aceite.

La figura 6-9 muestra los resultados de las investigaciones realizadas por **Kappeler** de la tensión de ignición de un electrodo colocado con ese fin en atravesadores y capacitores. La tensión de ignición en el aire es menor que la determinada por la fórmula (6-6), la concentración de campo y el efecto de borde son aparentemente las causas de tal disminución.

6.4. Descarga de Corona

6.4.1. Inicio de las Descargas de Corona

Las descargas de coronas se presentan alrededor de una punta aguda. Aparecen antes con tensión negativa que con tensión positiva. En corriente alterna ocurren a menudo durante el semiciclo negativo de la onda sinusoidal únicamente.

6.4.2. Corona Negativa.

Trichel estudió el efecto corona para un electrodo punta-placa en corriente continua, encontrando la siguiente descripción del fenómeno. Si un ion positivo aparece en la vecindad de la punta, este es atraído por el campo eléctrico y se desplaza hacia la punta. El ion choca con el electrodo y libera uno o mas electrones, los cuales por el mecanismo de **Townsend** provoca una nube de iones positivos cerca de la punta y los electrones negativos viajan alejándose de las punta.

Durante este proceso se forma una radiación, la cual provoca una fotoionización en la superficie de la punta. La extensión lateral de la región de ionización permanece hasta que se forma el así llamado *electrodo radiante* desde donde emanan las descargas de corona.

A grandes distancias del cátodo, los electrones pierden velocidad y son atrapados por las moléculas de oxígeno del aire. Ahora se forman dos regiones de cargas espacial. Un espacio positivo de cargas se forma cerca de la vecindad de la punta debido a los iones positivos lentos los cuales son repelidos después de la ionización de las moléculas del aire.

A grandes distancias, los iones negativos formados por la adhesión de los electrones a las moléculas de oxigeno, causan una carga espacial negativa. El proceso completo tiene lugar dentro de una distancia de 0,1 mm de la punta y se repite a intervalos del orden de 10^{-8} s. La figura 6-10 muestra la carga espacial y el potencial en función de la distancia. La carga espacial negativa rodea el campo eléctrico de la punta. Los iones positivos se mueven hacia el interior de la punta sin producir más ionización y como la intensidad de campo es débil, las descargas, se extinguen. Después de la extinción la carga espacial negativa se mueve alejándose del ánodo, la fuerza eléctrica decrece y las próximas descargas comienzan.

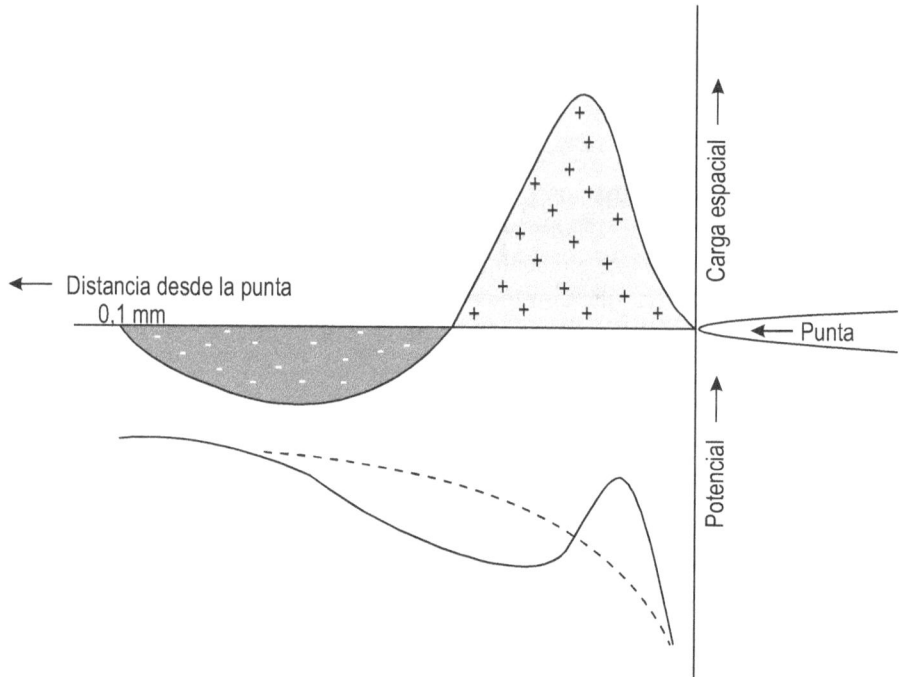

Figura 6.10.   Corona Negativa, Carga Espacial y Distribución de Potencial.

6.4.3. Corona Positiva.

Si la punta es positiva, las descargas ocurren dentro de un canal estrecho, el mecanismo es el siguiente.

Después de alcanzada la tensión de ignición se forma una avalancha de electrones, la cual provoca la distribución de potencial mostrada en la figura 6-11. La resultante distribución de carga y de potencial también son mostradas. Al final de la figura se observa que el campo eléctrico resulta incrementando por la avalancha de electrones. Al llegar fotones al campo eléctrico incrementado se producen nuevas avalanchas. Las descargas de **Stramer** que se forman son mostradas en la figura 6-12.

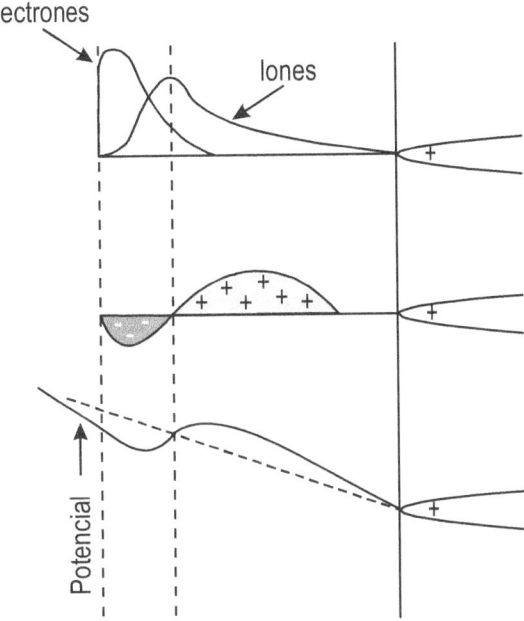

Figura 6.11.   Corona Positiva, Carga Espacial y Distribución de Potencial.

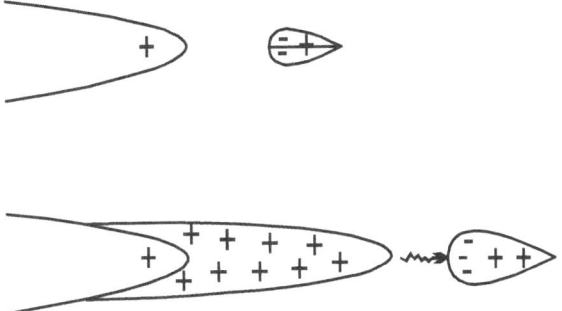

Figura 6.12.   Desarrollo de un canal de descarga.

Tensión de Ignición

La tensión de ignición de las descargas de corona resulta difícil de establecer.

Muchos trabajos realizados sobre conductores de línea de alta tensión, cuyo resultado han demostrado que depende del estado de la superficie y de las condiciones metcorológicas. La figura 6-13 muestra la tensiones de ignición para corona positiva y negativo en electrodo punta-placa.

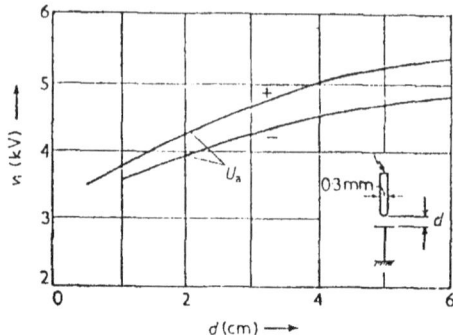

Figura 6.13. Tensión de ignición para corona positiva y negativa.

6.4.4. Repetición de las Descargas de Corona.

Corriente Continua

Las descargas de corona negativas se repiten regularmente de acuerdo al mecanismo descripto anteriormente. Los impulsos son de igual forma, la frecuencia de repetición es fuertemente dependiente de la tensión como lo muestra la figura 6-14. Las descargas de corona positivas se repiten irregularmente, en impulsos de pequeñas y grandes descargas.

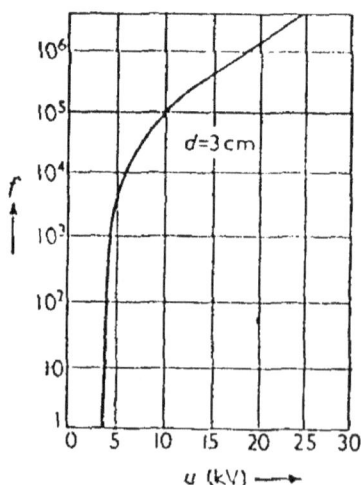

Figura 6.14. Frecuencia de repetición de descargas de corona en corriente continua.

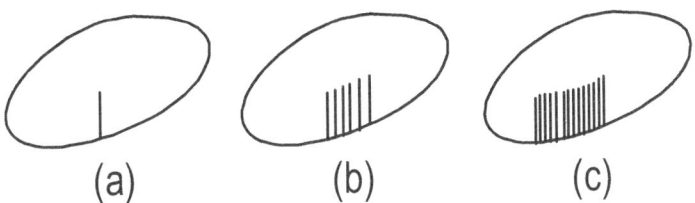

a   a la tensión de ignición.
b   6% por arriba de la tensión de ignición.
c   20% sobre la tensión de ignición.

Fig. 6-15. Descargas de corona en corriente alterna.

Corriente Alterna

Las descargas de corona aparecen primero en ciclo negativo en tensión sinusoidal únicamente. Los oscilogramas típicos son los mostrados en la figura 6-15, donde los impulsos son registrados con una base de tiempo de 50 Hz. Son de igual forma y su número se incrementa en forma aproximadamente lineal con el aumento de tensión.

6.5. Magnitud de las Descargas.

6.5.1. Cantidades relativas a la magnitud de las descargas.

La magnitud de las descargas puede ser descriptas por varios caminos. En este punto se analizarán algunas cantidades que serán estudiadas para ser usadas en la medición de descargas.

6.5.2. Carga Transferida en una Cavidad.

La carga transferida en la cavidad, o en el caso de descargas superficiales la carga transferida a lo largo de la superficie, puede ser tomada como una medida. Si la muestra es grande comparada con la cavidad, como se presenta normalmente el caso, la carga transferida será

$$q_1 \simeq (b+c)\Delta V$$

Los significados de a, b y ΔV son los que necesitan en el circuito de la figura 6-16.

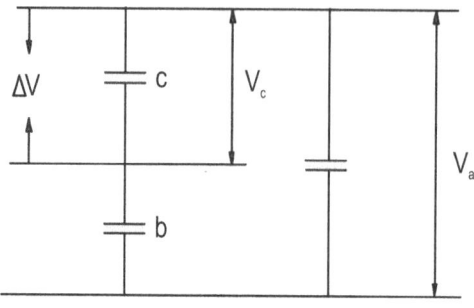

Figura 6.16.

6.5.3. Carga Aparente transformada en el muestra.

En segundo lugar puede tomarse el desplazamiento de la carga q en la muestra. Esta cantidad viene dada por

$$q = b\Delta V$$

La carga provoca una caída de tensión en la muestra

$$\frac{(b\Delta V)}{(a+b)}$$

la mayor parte de los detectores de descarga responden a esta caída de tensión y son aptos para la determinación de q. No obstante la magnitud de $q = b\Delta V$ no es determinada por la dimensión de la cavidad o del defecto, ya que b es afectada por el espesor de la aislación. No obstante, q puede ser considerada como una correcta medición de la descarga.

6.5.4. Energía de Descarga.

En tercer lugar la energía disipada en una descarga puede ser utilizada en la medición. Dicha energía puede ser la causa del deterioro del material del dieléctrico, es representada por W y puede relacionarse con la carga transferida q cuando la tensión a través del dieléctrico cae de U^+ a V^+ y si $a \gg b$ la energía aumenta como

$$W \simeq \frac{1}{2}(b+c)\left[\left(U^+\right)^2 - \left(V^+\right)^2\right]$$

$$= \frac{1}{2}(b+c)\left(U^+ - V^+\right)\left(U^+ + V^+\right)$$

$$= \frac{1}{2}(b+c)\Delta V\left(U^+ + V^+\right)$$

si V^+ es despreciable

$$W \cong \frac{1}{2}(b+c)\Delta V U^+$$

6.5.5. Perdidas Dieléctricas en las Descargas.

En cuarto lugar la energía total disipada durante un ciclo en toda la muestra puede ser medida.

$$W \simeq \frac{1}{2}(b+c)\Delta V^2$$

Esta medición puede ser efectuado por medio de un *puente Schering* o un detector especial de descargas. En muestras donde un gran número de descargas se presentan simultáneamente, la energía total se mide para evaluar la calidad de la aislación. En general *esta medición no es recomendable porque no distingue las pocas descargas grandes, las cuales pueden ser peligrosas y poner en riesgo el dieléctrico*.

Conclusión: De las cuatro posibilidades consideradas anteriormente, la carga transferida q ha sido ampliamente aceptada como magnitud de la descarga para la medición por las notables ventajas que presente respecto al resto.

6.6. Deterioro de los Dieléctricos.

6.6.1. Mecanismo de Detención.

Las descargas internas y superficiales son conocidas por los daños que producen en lo dieléctricos. Estos daños pueden ser causados por diversos fenómenos como los siguientes.

1. El bombardeo de iones y electrones provocan el calentamiento de ánodo y del cátodo, evasión de sus superficies y procesos químicos superficiales (polimerización, etc.).

2. Formación de procesos químicos de ionización de gases como ser ácido nítrico y ozono.

3. Rayos ultravioletas y rayos X. Las causas difieren de una a otra y son fuertemente dependientes del tipo de dieléctrico.

6.6.2. Descarga internas en Plásticos.

En el caso de los plásticos se distinguen tres estados de deterioro. Comienza con una erosión superficial uniforme. Esta erosión puede ser causada por degradación térmica, rayos X o radiación ultravioleta.

El segundo estado de descarga deviene concentrado cerca de la periferia de la cavidad. No está claro porque esta concentración ocurre. Es posible que se deba a la concentración de campo en la periferia del dieléctrico y también es conocido que la presencia de un dieléctrico plano paralelo con una débil tensión de descarga, las descargas se producen antes en la periferia que en el centro.

Cuando se llega al tercer estado, la fuerza alcanza el máximo valor en la cavidad y la solicitación se aproxima a la fuerza dieléctrica intrínseca del dieléctrico sobre una distancia micrométrica. El dieléctrico perfora sobre esta distancia y da lugar a nuevas cavidades, propagándose hasta que se produce la ruptura total.

6.6.3. Descargas Internas en el Papel Impregnado.

Las descargas en el vacío adyacentes al conductor atacan la aislación y penetran después de un tiempo en la primera hoja del papel. Como en el caso de las cavidades en la aislación plástica, la penetración va más allá del vacío.

6.6.4. Frecuencia.

El número de descargas crece proporcionalmente con la frecuencia y la vida útil del dieléctrico y en consecuencia inversamente proporcional a la frecuencia, a menos que la frecuencia sea tan alta, que se inicie la descarga térmica, y la duración sea muy breve, menor que la esperada.

Si se aplica una tensión continua, el número de descargas es pequeño, consecuentemente, la duración en corriente continua es muchas veces superior a la duración en corriente alterna, hasta sí la solicitación del dieléctrico es mas alta que la usual en corriente alterna.

6.6.5. Solicitación Eléctrica.

El número de descargas se incrementa con el aumento de intensidad de campo eléctrico.

El mecanismo de deterioro resulta afectado por el campo y la formación de huecos, ocurre con elevado campo presente. Es posible también que se alcance la condición de propagación y se formen canales de descarga.

6.6.6. Magnitud de las Descargas.

La magnitud de las descargas se incrementa con la profundidad de la cavidad y de su área. La duración de las descargas no es afectada por la superficie de la cavidad pero si por su profundidad. Consecuentemente la relación entre la magnitud las descargas y la duración de la tensión resulta incierta.

6.6.7. Magnitud Permisible de las Descargas.

Es conocido que si las descargas alcanzan una cierta magnitud deterioran el material aislante, cuya vida útil esperada es prácticamente infinita. Esta magnitud se denomina "**descarga de magnitud permisible**". Es un importante valor para la detección de descargas. Los circuitos de detección usados son aptos para la detección de descargas de magnitud mas bien pequeñas. La muestra debe estar libre de descargas grandes hasta las descargas de magnitud permisible. Las descargas de magnitud permisible dependen del campo en el dieléctrico y también de la frecuencia de la tensión aplicada. Una descarga de magnitud permitida a 50 Hz no es aceptable a 100 kHz. La descarga de magnitud permisible no es un valor rigurosamente definido porque hay que considerar los resultados de los ensayos de falla de larga duración. Unicamente unas pocas estimaciones son conocidas. **Davis** ha inferido que las descargas en cables aislados con polietileno, una magnitud pequeña de $2\,pC$ son inocuas cuando se aplica una intensidad de campo de

$$3\left[\frac{kV}{mm}\right] \text{ a 50 Hz}$$

Mildner y **Humphries** consideran que es suficiente en un ensayo de cables aislados con PVC, una sensibilidad que permita la detención de 3 pC hacia arriba la máxima intensidad de campo en el cable es de

$$3\left[\frac{kV}{mm}\right]$$

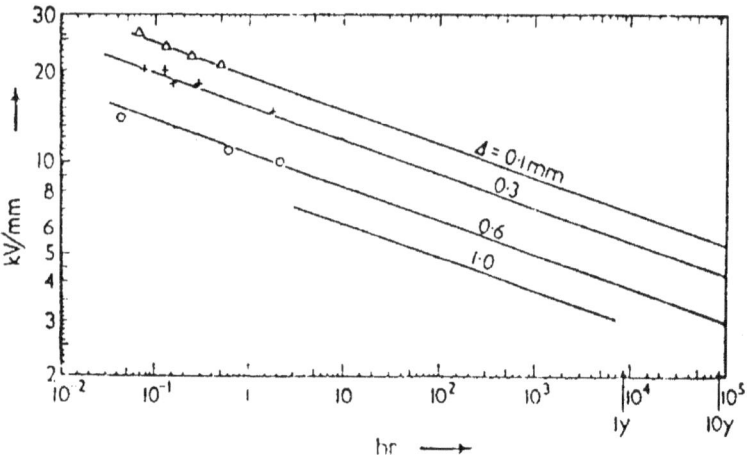

Figura 6.17. Duración de la tensión en función de la intensidad de campo para cavidades de diferentes profundidades.

6.6.7. Relación con la Vida Util.

Las descargas de magnitud permitida para cierta intensidad de campo puede también ser inferida desde la vida útil en función de la intensidad de campo, figura 6-17. El gráfico muestra que la vida útil de un dieléctrico con cavidad depende de la profundidad de la cavidad. Una primera estimación hecha de las descargas de magnitud permitida es trabajando con una intensidad de campo de

$$2\left[\frac{kV}{mm}\right]$$

Desde esta profundidad de la cavidad, puede hacerse una estimación de la magnitud de la descarga. De este modo puede calcularse la magnitud de una descarga en un cavidad plana (*a*), una cavidad esférica (*b*), una cavidad en forma de barra (*d*), figura 6-18.

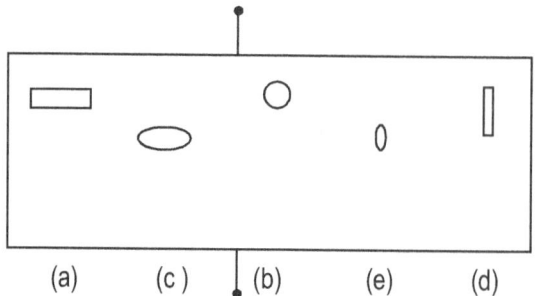

Figura 6.18. Cavidades de diferentes formas en la aislación.

Aparecen las descargas de magnitud decreciente en el orden de sucesión. Los diferentes casos son los siguientes

a. Cavidad Plana

La magnitud de la descarga calculada es del orden de 100 *pC* ó mas. La tensión de inicio de

$$1,7 \left[\frac{kV}{mm} \right] \text{ para } \varepsilon = 2,2$$

b. Cavidad Esférica

La magnitud de la descarga puede ser calculada en 10 *pC* y la tensión de inicio de

$$2,5 \left[\frac{kV}{mm} \right]$$

que es elevada, pera la intensidad de campo en esta cavidad no es peligrosa.

c. Cavidad Oval

Este generalmente es de un diámetro mayor de 3 mm y uno menor de 1 mm. La magnitud de la descarga es de 10 *pC* con una tensión de inicio de

$$1,7 \left[\frac{kV}{mm} \right] \text{ a } 2,5 \left[\frac{kV}{mm} \right]$$

d. Cavidad en forma de Barra

En esta cavidad pueden producirse descargas de magnitud pequeña, de 10 *pC* y de detección dificultosa para la tensión de inicio. La intensidad de campo inicial es de

$$3 \left[\frac{kV}{mm} \right]$$

y no resulta peligrosa trabajando a

$$2\left[\frac{kV}{mm}\right]$$

e. Cavidad intermedia entre (*b*) y (*d*)

Esta cavidad muestra una intensidad de campo de inicio de

$$2,5\left[\frac{kV}{mm}\right]$$

y no resalta peligrosa una intensidad de

$$2\left[\frac{kV}{mm}\right]$$

Desde estas condiciones pueden derivarse especificaciones para el ensayo dieléctrico de descargas parciales de las siguientes forma.

El dieléctrico debe estar libre de descargas para una intensidad de campo de

$$2\left[\frac{kV}{mm}\right]$$

y medida con una sensibilidad de 10 a 30 pC.

Si a una intensidad de

$$3\left[\frac{kV}{mm}\right]$$

la profunda permisible de la cavidad deviene a 0,4 mm, las magnitudes esperadas de la carga son

1. 10 pC o mas con una intensidad de inicio de $2\left[\dfrac{kV}{mm}\right]$.

2. 1 pC con una intensidad de inicio de $3,2\left[\dfrac{kV}{mm}\right]$.

3. Descargas del orden de 1 pC son permisibles.

4. Intensidades de $3\,k\dfrac{V}{mm}$ no son peligrosas.

5. Son aplicables los principios de (*b*), (*d*).

6.6.8. Conclusiones

1. Las descargas internas ocurren en cavidades o inclusiones en el dieléctrico. Estas descargas deterioran el dieléctrico y son mas peligrosas en corriente continua.

2. Las descargas superficiales se producen cuando hay una componente del campo eléctrico paralela a la superficie. Dañan al dieléctrico y son mas peligrosas en corriente alterna que en corriente continua.

3. Las descarga de corona se presentan en el aire y en otros gases alrededor del electrodo sometido a la alta tensión. Atacan al dieléctrico a través de la formación de ozono y otros gases agresivos.

4. La intensidad de campo de inicio de las descargas en cavidades y en descargas superficiales pueden ser calculadas partiendo de la *curva de* **Paschen** del gas en cuestión. Según diversos autores existen una buena relación entre los valores calculados y medidos.

5. La intensidad de campo de inicio en las descarga de corona no es realmente calculable.

6. Las descargas ocurren igualmente en cada medio ciclo en corriente alterna. Si el impulso de descarga es observado en la pantalla de un osciloscopio con base de tiempo adecuado se observa un pequeño grupo de descargas.

7. La magnitud de la descarga es definida por la cantidad de carga transferida a la muestra. La magnitud de la descarga q está relacionada en una formula simple con la energía W y la tensión de ignición V_i

$$W \simeq 0,79V_i$$

La magnitud de la descarga interna se incrementa con el incremento de las dimensiones de la cavidad.

8. De acuerdo a **Mason** el deterioro de los dieléctricos se concreta en tres etapas. En la primera, la superficie es erosionada uniformemente, luego se forman cóncavas en la periferia de la cavidad y después se forman canales agudos que conducen a la descarga. La relación de deterioro resulta proporcional a la frecuencia, se incrementa con la intensidad de campo eléctrico y depende de la clase del dieléctrico.

9. Para determinar la resistencia de la aislación a las descargas se han diseñado diversos métodos. Los métodos mas usados son los de descargas superficiales. Los ensayos se aceleran con alta intensidad de campo eléctrico y alta frecuencia. Las tablas suministran el nivel de aislación de acuerdo a la resistencia a las descargas. Dichas tablas no tienen validez para todas las circunstancias y existen diferencias en los resultados obtenido por diferentes métodos.

10. Se cree que las descargas por debajo de cierta magnitud son inocuas para el dieléctrico. Este límite se llama *descarga de magnitud permisible*. Esta descarga, según estimación están en el orden de 2 *pC* a

$$3\left[\frac{kV}{mm}\right]$$

6.7. Detección de Descargas.

6.7.1. Principios

Las descargas dan lugar a numerosos fenómenos, los cuales pueden ser usados para las determinaciones. Dichos fenómenos son

$$
\text{Descargas Parciales}
\begin{cases}
\text{Fenómenos Eléctricos} \begin{cases} \text{Pérdidas Dieléctricas} \\ \text{Impulsos Eléctricos} \end{cases} \\
\text{Radiación Electromagnética} \\
\text{Luz} \\
\text{Calor} \\
\text{Ruido} \\
\text{Presencia de Gas} \\
\text{Transformaciones Químicas}
\end{cases}
$$

La detección de los fenómenos eléctricos es mas frecuentemente usada, como ser la medición de pérdidas dieléctricas y la detección de impulsos eléctricos. La detección no eléctrica no se usa a menudo porque en la mayoría de los casos la sensibilidad es baja, mucho más baja que en la detección eléctrica. Algunos de los fenómenos pueden ser utilizados para la detección en corriente alterna o en corriente continua.

6.7.2. Detección

La detección comprende la determinación de la presencia o ausencia de la descarga, sin determinar la tensión a la cual la descarga aparece.

6.7.3. Medición

La magnitud de la descarga puede ser medida usando métodos eléctricos.

6.7.4. Localización.

La localización comprende la determinación del lugar donde se produce la descarga.

6.8. Diagramas Básicos

6.8.1. Diagrama Básico

Como se indica en la figura 6-4, las descargas en una muestra provocan impulsos de corriente en los conductores del circuito eléctrico de la muestra. Se han desarrollado muchos circuitos para detectar estos impulsos, pero todos se reducen a un diagrama básico. Figura 6-19.

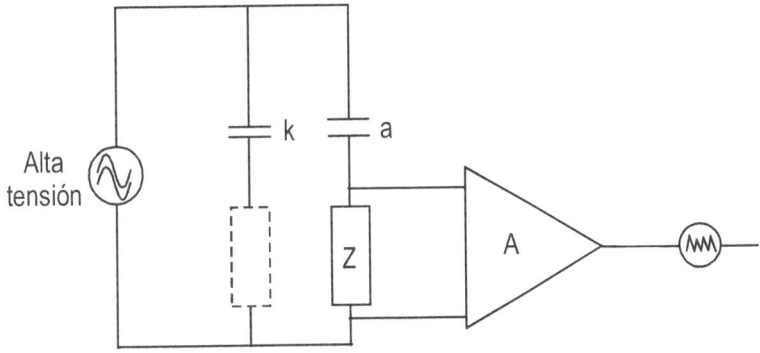

Figura 6-19. Diagrama básico para la detección eléctrica de descargas.

Los elementos que componen esos circuitos son

- Fuente de alta tensión.

- Muestra *a* afectada a las descargas.

- Impedancia Z a través de la cual se generan los impulsos de tensión causados por los impulsos de corriente en la muestra.

- Capacitor de acoplamiento K que facilita el pasaje del impulso de corriente de alta frecuencia de la muestra.

- Amplificador A.

- Sistema de observación, *osciloscopio*.

6.8.2. Impedancia de Detección

La impedancia Z puede ser conectado en dos formas, una colocada en serie con la muestra y la otra en serie con el capacitor de acoplamiento. Ambas formas son eléctricamente equivalentes y producen la mínima caída de tensión sobre la impedancia. En la practica la conexión de Z puede ser importante.

Si la muestra es grande, generalmente, se la coloca en serie con K a los efectos de que no pase una corriente grande a través de la impedancia.

Dos impedancias comúnmente usadas son, un resistor "R" en paralelo con una capacidad parásita "C", o un circuito *RLC*. El impulso de tensión que atraviesa la impedancia puede ser calculado por medio de la transformada de Laplace.

Para el circuito *RC*, el impulso aparece en forma unidireccional y viene dado por

$$V = \frac{q}{\left(1 + \dfrac{C}{K}\right)a + C} e^{\left(r\frac{t}{Rm}\right)}$$

donde

$q = b.\Delta V$ magnitud de la descarga del impulso

a, C y K como la figura 6-19.

$$m = \frac{aK}{a+K} + C$$

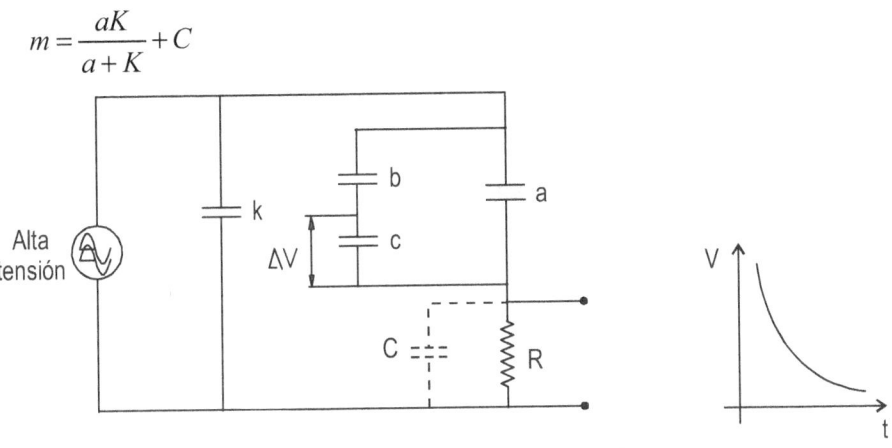

Figura 6-20. Respuesta con circuito RC.

Para el caso del circuito RLC, el impulso tiene una forma oscilatoria amortiguada con la misma tensión de cresta del circuito *RC*.

$$V = \frac{q}{\left(1 + \dfrac{C}{K}\right)a+K} e^{-\frac{t}{2Rm}} . \cos \omega t$$

$$\omega = \sqrt{\left(\frac{1}{Lm} - \frac{1}{4R^2 m^2}\right)}$$

$$m = \frac{aK}{a+K} + C$$

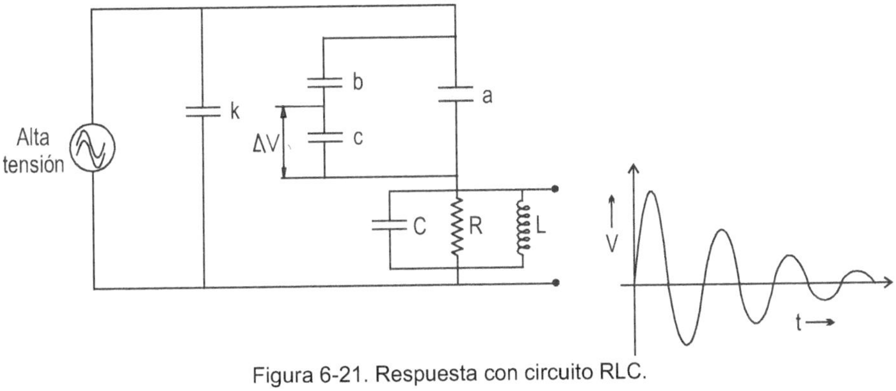

Figura 6-21. Respuesta con circuito RLC.

6.8.3. Espectro de Frecuencias

En el circuito RC el impulso unipolar producido sobre la impedancia de detección tiene un espectro de frecuencias aproximadamente plano. La frecuencia mas alta es

$$f_1 = \frac{1}{2\pi Rm}$$

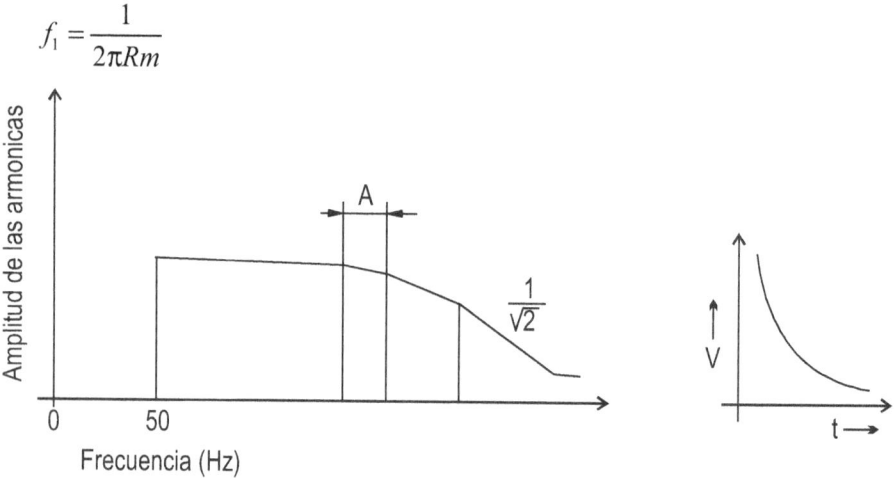

Figura 6-22.   Espectro de frecuencia del impulso unidireccional del circuito RC.

Como "m" depende de las constantes del circuito,

$$m = \frac{aK}{(a+K)+C'}$$

la extensión del espectro de frecuencias depende del circuito y de la magnitud del resistor R.

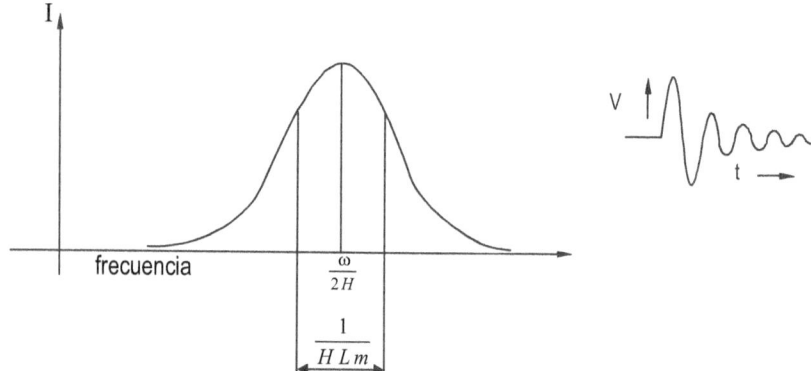

Figura6-23.   Espectro de frecuencias de impulsos oscilatorio del circuito RLC.

El amplificador usado para la amplificación de los impulsos debe tener un ancho de banda que va más allá de la frecuencia f_1.

En el circuito RLC, el impulso oscilatorio que se registra sobre la red RLC tiene un espectro de frecuencias como el que se muestra en la figura 6-23. La frecuencia de banda media viene dada por la expresión.

$$\omega = \sqrt{\left(\frac{1}{Lm} - \frac{1}{4R^2m^2} \right)}$$

El amplificador tiene un ancho de banda igual o superior al de la señal.

6.8.4. Observación

Los impulsos provocados por las descargas pueden ser observados por diferentes medios, separados o integrados.

Milivoltímetro

Un buen sistema es el formado por un milivoltímetros y un registrador. Varios tipos de milivoltímetros son usados. Tienen la principal desventaja que es muy afectado por las pequeñas y grandes descargas.

Osciloscopio

Es uno de los mas usados. El impulso de descarga es generalmente observado sobre una base de tiempo de la misma frecuencia que la tensión aplicada a la muestra. Recurrentemente las descargas producidas en ciclos aparecen como figuras estacionarias sobre la pantalla. Con la ayuda de una osciloscopio pueden medirse las magnitudes individuales de las descargas, que son proporcionales a la amplitud de los impulsos registrados. Por el carácter de la figura sobre la pantalla pueden distinguirse si es descarga de corona o descarga interna.

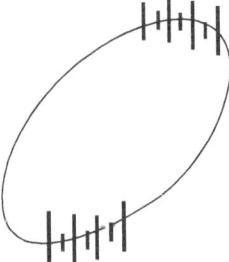

Figura 6-24.   Oscilograma de descarga tomado con una base de tiempo de 50 Hz.

En la figura 6-24 se muestra un ejemplo de un oscilograma de descarga a 50 Hz con una base de tiempo elíptica.

Medidor de la Tensión de Pico del Impulso

A veces en uso industrial, la observación a través de un osciloscopio puede resultar complicada. En ese caso se usa un milivoltímetro de pico. Es un instrumento electrónico que mide la tensión de pico de los impulsos. Este instrumento electrónico es complementado con un registrador X-V automático que registra la amplitud de los impulsos en función de la tensión.

Contador de Impulsos

Un método avanzado de observación en el contador de impulsos de acuerdo a su amplitud y los cuenta posteriormente. En un diagrama se obtiene el número de descarga por unidad de tiempo en función de su magnitud.

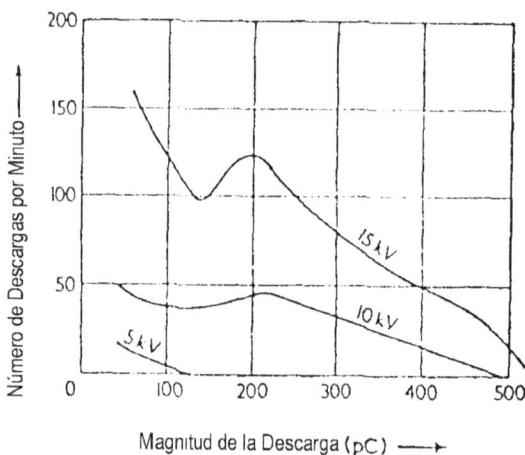

Figura 6-25. Diagrama del número de descargas por minuto en función de su magnitud.

6.9. Métodos Eléctricos de Detección.

Existen tres grupos bien diferenciados de métodos eléctricos de detección.

1. Los impulsos de corriente en las terminales de la muestra son transformados en impulso de tensión, amplificados y luego observados. Estos son llamados métodos de detección directa.

2. Los impulsos son observados en la misma forma que el caso anterior, pero se efectúan mediciones especiales con el objeto de rechazar perturbaciones causadas en la fuente de alta tensión, atravesadores, cables, terminales, etc. Estos métodos son llamados métodos balanceados de detección.

3. Los llamados métodos de detección por medición de pérdidas miden la potencia disipada por la corriente de impulso.

Todos los métodos se caracterizan por dos importantes cualidades, la sensibilidad y resolución. La sensibilidad se define como la mínima descarga que puede ser detectada en pico Coulomb. En los métodos eléctricos, la sensibilidad depende del objeto bajo prueba.

Si los impulsos de descarga son observados por medio de un osciloscopio o por un contador de impulsos, la resolución del circuito de detección es de interés. Por resolución se entiende el número de impulsos por unidad de tiempo que pueden ser separados.

6.9.1. Métodos Directos de Detección.

1. Con circuito RC.

La figura 6-26 muestra un circuito usados para ensayo de transformadores. El capacitor de acoplamiento esta formado por un explosor a esferas y un resistor conectado en serie con el explosor K formando parte de un filtro pasa alto que rechaza la frecuencia de 50 Hz.

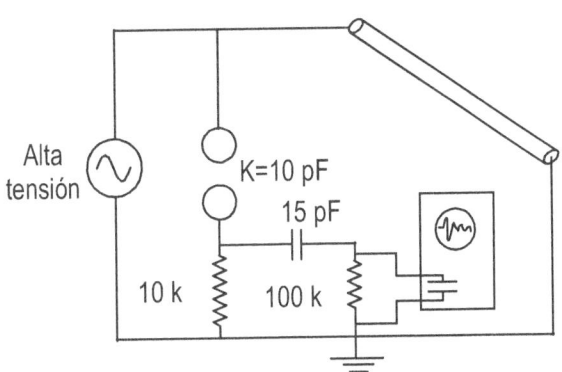

Figura6-26.   Circuito detector RC para ensayo de Transformadores.

El amplificador es de banda ancha y los impulso son observados en el osciloscopio. La muestra, usualmente un transformador, es conectada al circuito de alta tensión por medio de una barra libre de efecto corona.

Otro circuito utilizado para ensayos de rutina en transformadores es el que muestra la figura 6-27.

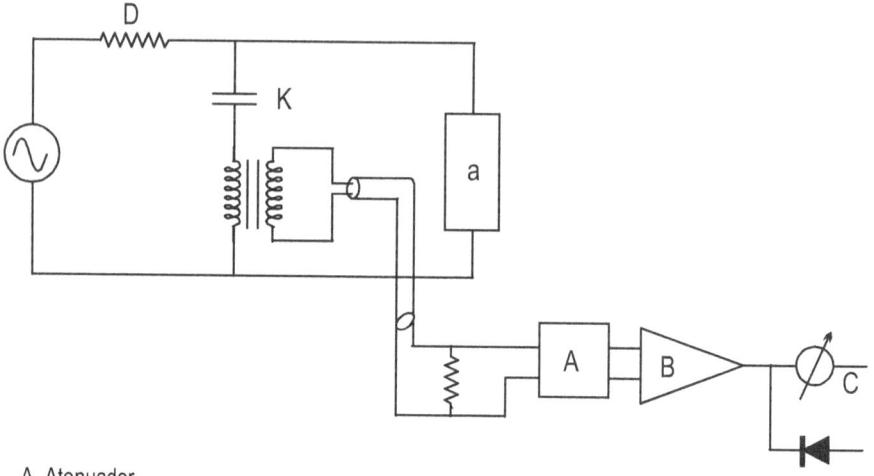

A. Atenuador.
B. Amplificar de banda media.
C. Voltímetro.
D. Resistencia para filtrar perturbaciones de alta tensión de la fuente.

Figura 6-27.

El resistor de detección está conectado a la entrada del transformador. Se supone que el espectro de frecuencias de los impulsos de descarga va desde 4 kHz a 1 MHz.

Es considerado como suficiente un amplificador de un ancho de banda pequeño, 4 kHz en esta región.

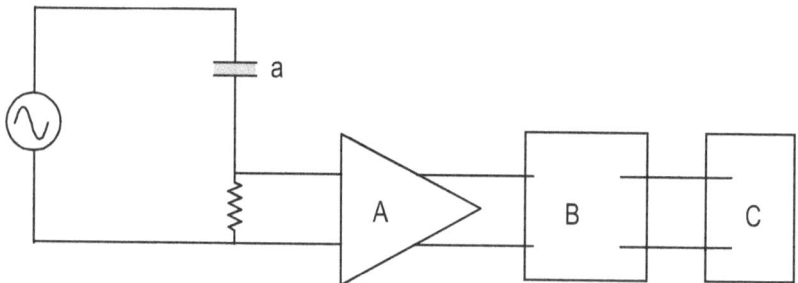

A. Amplificador banda 800 kHz.
B. Clasificador electrónico de impulsos según su amplitud.
C. Contador de impulsos.

Figura 6-28.

Tiene la ventaja que se pueden alcanzar altas ganancias y la desventaja que pueden detectarse algunas oscilaciones en el transformador.

Un circuito descripto en un trabajo de CIGRE ha sido diseñado para la medición en celdas experimentales de pequeño tamaño tomados, figura 6-28.

La resistencia de detección se conecta en serie con la muestra. Todas las ventajas están en la calidad de la resistencia de detección usada con un amplificador de banda ancha. La banda de frecuencias es de 800 *kHz* correspondiendo a una resolución de 3000 impulsos por cuadrante. La sensibilidad se estima en 1 *pC* en una muestra de 1000 *pF*.

2. Con circuito RLC.

En este circuito se coloca una pequeña bobina en serie con la muestra. La frecuencia de la oscilaciones atenuada que aparecen a través de *L* se determina por los valores de *L*, *a* y *K*, figura 6-29. Consecuentemente dicha frecuencia varia con la variación de la capacitancia de la muestra. Los impulsos oscilatorios son amplificados en un amplicador de banda ancha y observados en un osciloscopio.

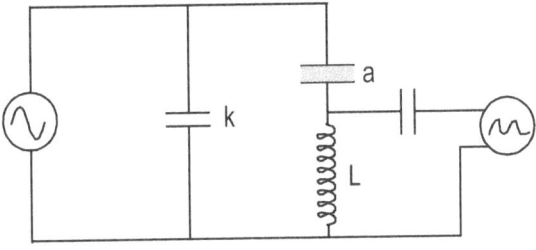

Figura 6-29.

La pequeña autoinducción *L* es convenientemente elegida. La sensibilidad no es alta, del orden de 20 *pC* para una muestra de 1000 *pF*.

Otro circuito del mismo tipo es el conocido como **Detector ERA**. Tiene optima sensibilidad y resultados obtenidos reproducibles. Este circuito es el que se muestra en la figura 6-30.

La fuente de alta tensión debe estar libre de descargas. A tal fin se utiliza un filtro para bloquear las perturbaciones desde el medio y desde el transformador. Los elementos *RLC* son colocados en serie con el capacitor de acoplamiento libre de descargas. La muestra "*a*" es conectada a masa dado que su alta capacidad puede ser ensayada sin altas corrientes operando a través del detector *RLC*.

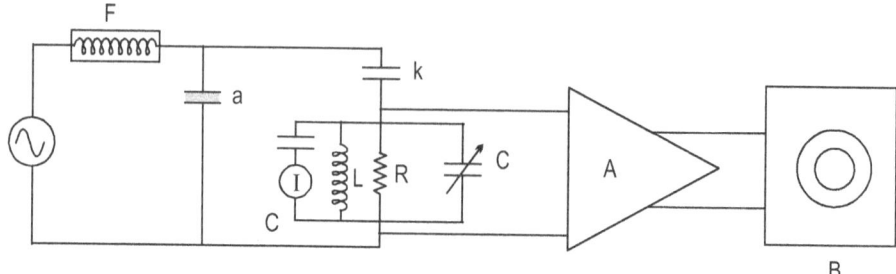

F	Filtro de supresión de armónicas.
a	Muestra
K	Capacitor de acoplamiento libre de descargas.
RLC	Impedancia de detección.
B	Osciloscopio de observación.
C	Generador de pulsos de calibración.

Figura 6-30.

Los elementos *RLC* conectados en serie con *k* proveen una optima sensibilidad que puede ser obtenida por medio de capacitores de diferentes de valores de capacidad, con estos elementos intercambiables y variando *C,* la frecuencia de oscilación puede ser sintonizada a la mitad de la banda del amplificador. Para la mitad de banda, se elige una frecuencia de 500 *kHz* debido a la ausencia de perturbaciones de transmisiones de radio a 500 *kHz* permite tomar el otro lado de la banda.

6.9.2. Métodos Balanceados de Detección.

Una de las principales dificultades que se presentan cuando se hacen ensayos de descargas parciales es cuando la descarga no ocurren en la muestra sino en otras partes del circuito de prueba, como ser la fuente de alta tensión, en la barra de conexión de alta tensión, en el bloque de capacitores, etc. El impulso causado por estas descargas no puede ser despreciado y por lo tanto perturba la observación de las descargas verdaderas. Con los métodos de detección directa, el efecto de estas descargas puede ser suprimido parcialmente por medio de dos formas conocidas.

a.   A través de un filtro.

b.   Si la impedancia de detección *Z* se coloca en serie con la muestra "*a*" y "*K*" es mas grande que "*a*" el impulso de descarga externa decrece en relación

$$\frac{a}{K}$$

Si las perturbaciones externas no pueden ser suficientemente controlada hay que recurrir a los sistemas balanceados.

1. Puente de Schering de Alta Frecuencia.

Un método aplicado en los laboratorios de alta tensión es usando el puente de **Schering**. En este método una resistencia actúa como elemento de detección como se muestra en la figura 6-31. Una descarga en la muestra provoca un impulso sobre el resistor "R". Dicho impulso es transmitido a un osciloscopio a través de un filtro y de amplificador. Una perturbación externa provoca impulsos a través del resistor y de la misma forma sucede en el puente. La diferencia entre dichos impulsos medida entre los puntos del puente es pequeña, tan pequeña como el impulso mismo. Los impulsos provenientes de la muestra, por lo tanto, son perfectamente registrados.

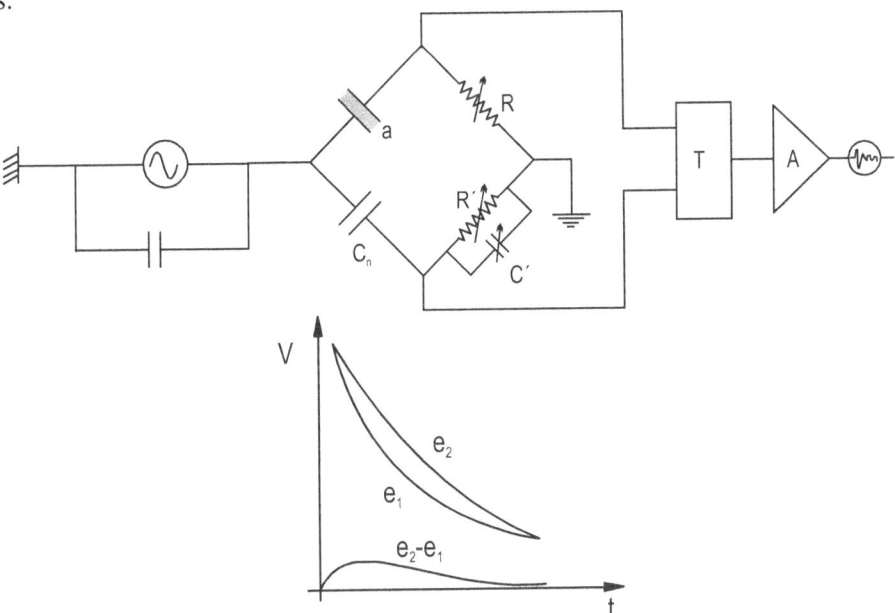

T	Transformador.
A	Amplificador de banda ancha o banda estrecha.

Figura 6-31. Puente de Schering de alta frecuencia usado como circuito detector balanceado de descargas.

En este camino las descargas externas y las perturbaciones son reducidas considerablemente con una reducción de alrededor de treinta veces. El ajuste mínimo se logra variando R' y C'.

2. Método Diferencial.

Este método el capacitor C_n es reemplazado por un capacitor a', el cual tiene las mismas pérdidas dieléctricas que a dentro del ancho de banda de frecuencias de operación. El circuito es el que se muestra en la figura 6-32.

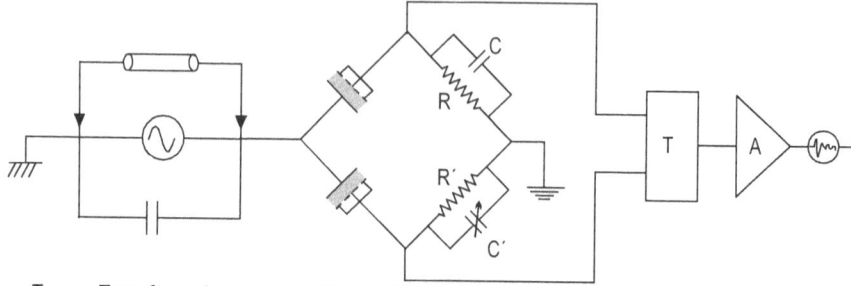

T   Transformador o un amplificador diferencial.
A   Amplificador banda 60 kHz.

Figura 6-32.

Un rechazo suficiente de las perturbaciones y descargas externas se obtiene, cuando el ancho de banda de frecuencias es el indicado, ajustando el puente para todas las frecuencia con

$$\tan\delta = \tan\delta'$$

La capacidad a no debe ser necesariamente igual a a'. La igualdad de las pérdidas dieléctricas dentro del intervalo de frecuencias considerado es esencial. En la práctica esta igualdad se obtiene eligiendo la misma clase de dieléctrico para a y a', dos partes de una misma muestra, por ejemplo dos partes de un mismo cable.

El circuito puede ser armado con elementos comunes de laboratorio, no son necesarios instrumentos especiales. Un circuito detector satisfactorio puede estar formado por un resistor de décadas, un transformador y un voltímetro electrónico.

6.9.3. Detección por Medición de Pérdidas.

La medición de la energía de pérdidas expresado por la tangente de pérdidas, $\tan\delta$, se realiza por medio del puente de **Schering** que es un viejo y conocido circuito.

El diagrama en el cual se muestra a la $\tan\delta$ en función de la tensión U es el mostrado en la figura 6-33.

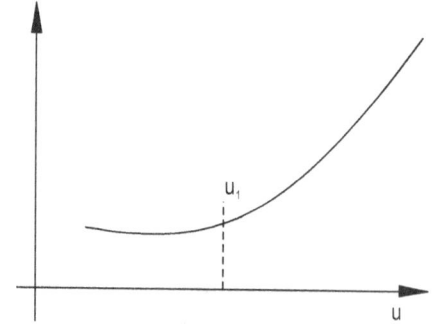

Figura 6-33.   Pérdidas dieléctricas en función de la tensión U, tensión de ignición.

El incremento de la tangente de pérdidas es atribuida a las descargas internas. El comienzo del incremento coincida con la tensión de ignición. La medición puede efectuarse por medio de un doble equilibrado del puente.

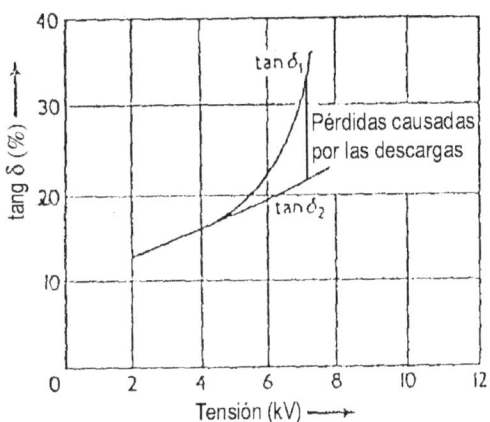

$\tan \delta_1$	Pérdidas totales.
$\tan \delta_2$	Pérdidas totales - Pérdidas por descargas.
$\tan \delta_1 - \tan \delta_2$	Pérdidas causadas por las descargas.

Figura 6-34.

Se separan las pérdidas normales del dieléctrico de las pérdidas causados por las descargas por medio de dos ajustes diferentes del balance. Se mide la tangente de pérdidas primero por un camino normal equilibrando el puente con el uso de un galvanómetro de vibración o un galvanómetro electrónico.

Esta primera medición representa las perdidas totales. Luego el galvanómetro es reemplazado por un osciloscopio y a 50 *Hz* de frecuencia básica se equilibra el puente.

Esta nueva medición representa las pérdidas totales menos las pérdidas por descargas. Luego las pérdidas (figura 6.34) por descargas serán igual a

$$\tan \delta_1 - \tan \delta_2$$

6.10. Medición de Descargas Parciales.

6.10.1. Principios

La severidad de las descargas pueden ser expresadas por la amplitud de las descargas presentes o por una cantidad que mide los efectos combinados de todas las descargas. La medición de los efectos combinados de las descargas tiene las siguientes desventajas:

a. No indica la amplitud de las descargas presente y por lo tanto la determinación de los daños causados resulta dificultosa.

b. La sensibilidad de los detectores es difícil de establecer. Depende de factores tales como número de descargas, constante del tiempo del circuito, etc.

c. Usualmente la sensibilidad es mas baja que en la observación de la simple descarga porque el instrumento es apto para pocos y pequeños impulsos por medio ciclo y el ruido de los circuitos o de los amplificadores ocurren durante los máximos de los semiciclos.

La medición de la magnitud de las descargas individuales es preferida. Los métodos mas usados son

1. Integración de los Impulsos de Alta Frecuencia

Si el efecto combinado de las descargas es medido con un instrumento de aguja, el resultado viene expresado en forma de una tensión. Si la caída de tensión provocada por las descargas es

$$\frac{q}{C_{total}} e^{-\frac{t}{\tau_1}}$$

la tensión eficaz será

$$V_{ef} = \frac{q}{C_{total}} \sqrt{\left[\int_0^\pi \frac{\left(e^{-\frac{t}{\tau}} \right)^2}{\pi} dt \right]}$$

Si la constante de tiempo τ es pequeña respecto al semiperíodo π de la tensión de prueba, la igualdad queda

$$V_{ef} \simeq \frac{q}{C_{total}} \sqrt{\frac{\tau}{2\pi}}$$

Si se presentan *n* impulsos por periodo, la tensión resultante con la máxima resolución del detector será

$$V_{ef} \cong \frac{\sum\limits_{1}^{n} q}{C_{total}} \sqrt{\frac{\tau}{2\pi}}$$

2. Medición de las Descargas Simples

La medición de una magnitud simple de las descargas es preferida por encima de todos los otros métodos eléctricos. La magnitud de las descargas puede ser determinada partiendo de la amplitud del impulso sobre la pantalla de un osciloscopio. La amplitud del impulso está dada por

$$\delta = \eta\varepsilon.\frac{q}{C_{total}}$$

η	Sensibilidad del amplificador y osciloscopio.
ε	Respuesta en amplitud de los impulsos.
C_{total}	Capacidad total donde la descarga q es inyectada.

Si estos valores son conocidos, la magnitud de las descargas puede ser determinada desde las amplitud del impulso δ. Normalmente estos valores no son conocidos y se recurre a otros medios para determinar la magnitud de la descarga.

6.10.2. Pulsos de calibración

El método usual para la determinación de la magnitud de una descarga es generar una descarga artificial de magnitud conocida en el lado de baja tensión del circuito detector. Por comparación con la magnitud real, la descarga puede ser determinada. Para los dos circuitos de detección de impulsos eléctricos, el directo y el balanceado, el impulso de calibración es considerado a continuación.

1. Calibración en Sistemas Directos.

En la figura 6-35 se muestra uno de los circuitos mas usados con este propósito. La capacidad C_1 es cargada a tope con una tensión ΔV_1 y descargada en $\frac{1}{50}s$.

Este proceso genera una carga transferida q_1 la que es igual a $b_1\Delta V_1$.

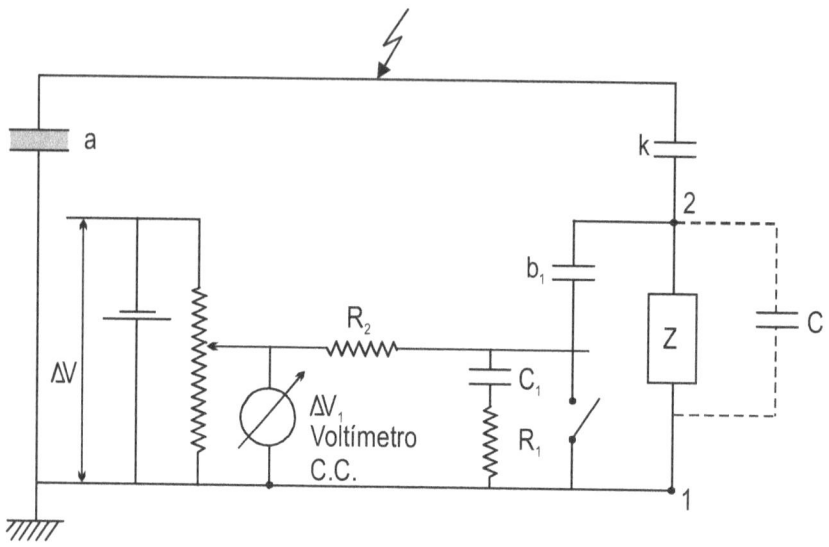

Figura 6-35.

Si b_1 es tomado pequeño en comparación con la capacidad del circuito entre los puntos 1 y 2, la tensión ΔV_1 puede ser variada por medio de un divisor de tensión y medida por un simple voltímetro de corriente continua.

La caída de tensión a través de la impedancia de detección, causado por la carga de calibración q_1 será

$$v_1 = \frac{q_1}{\dfrac{ak}{a+k} + C}$$

$$v_1 = \frac{q_1}{\left(1 + \dfrac{C}{k}\right)a + C}$$

La caída de tensión causada por una descarga q en la muestra es

$$v = \frac{q}{\left(1 + \dfrac{C}{k}\right)a + C}$$

La descarga de calibración se ajusta para:

$$v_1 = v$$

La magnitud de la descarga se obtiene por:

$$q = \left(1 + \frac{a}{b}\right)q_1$$

El resultado es independiente de la sensibilidad del amplificador y de las constantes del circuito de entrada.

Esto es debido a que los impulsos de calibración a través de Z tienen la misma constante de tiempo de descarga y ocurre entre los puntos 1 y 2 del circuito, igual que los impulsos de descarga.

2. Calibración en Detectores Balanceados.

En la figura 6-36 se muestra un circuito utilizado para la calibración en detectores diferenciales. Este circuito puede ser usado también en la calibración de detectores balanceados. Este circuito esta formado por los mismos elementos que el circuito de calibración para detectores directos.

La única diferencia en que este circuito se conecta entre los puntos 1 y 2. La amplitud en tensión de la descarga, causada la descarga q_1 de calibración es

$$v_1 = (n+1)\frac{q_1}{a + c + (n+1)C''}$$

$$n = \frac{a}{a'}$$

En esta ecuación es conocido el impulso causado por la descarga real q en a que es

$$v = \frac{q}{a + C + (n+1)C''}$$

Ambas expresiones son válidas para el circuito del puente balanceado como las amplitudes de los impulsos son iguales $v_1 = v$.

$$q = (n+1)q_1$$

$$n = \frac{a}{a'}$$

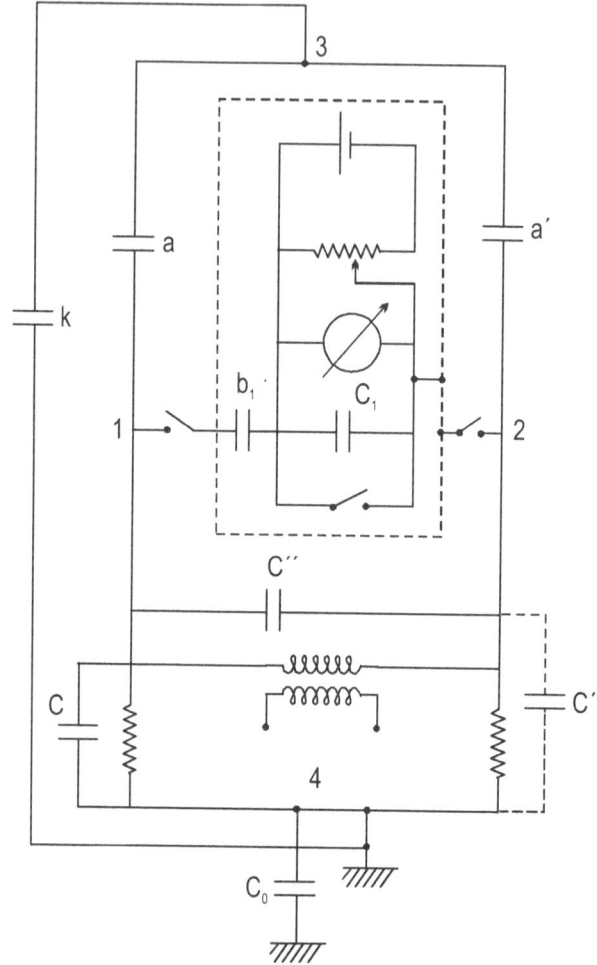

Figura 6-36.

La magnitud de la descarga en la muestra a es $n+1$ veces mas grande que la magnitud de la descarga de calibración. Si el impulso de calibración sobre la pantalla es igual al de la descarga real y el puente es balanceado con $a=a'$, lo que ocurre con la frecuencia, la relación queda

$$q = 2q_1$$

6.10.3. Medición de la Cresta de Impulso.

Para uso industrial, los instrumentos de aguja, con indicación directa de la magnitud de las descargas son preferidos por lo que deben ser calibrados por medio de un pulso de calibración.

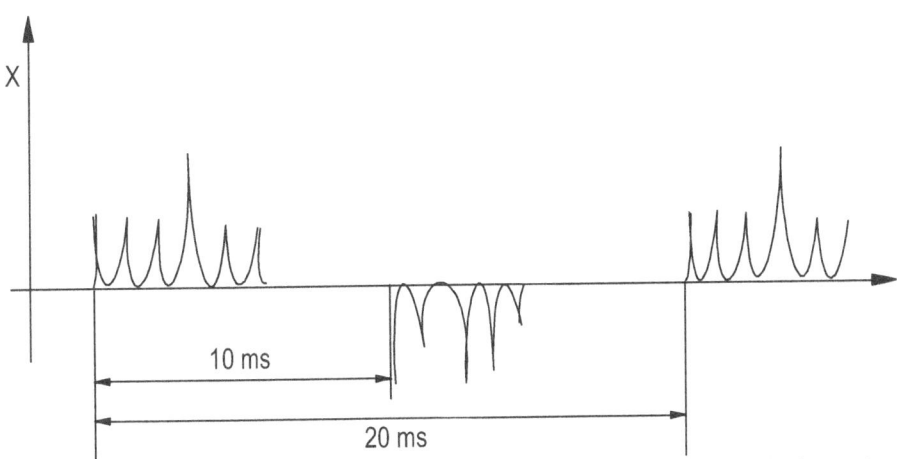

Figura 6-37.   Registro normal de los impulsos de descarga con 50 Hz de tensión de prueba.

Las descargas en la muestra producen una serie de impulsos de tensión de la forma que muestra la figura 6-37. Los impulsos se repiten cada 20 *ms* aproximadamente.

La altura del impulso es una medida de la magnitud de la descarga y las grandes descargas son las que interesan y por eso que se mide el pico del impulso de las descargas.

Existen dos métodos para medir el pico del impulso. En el primero se efectúa sobre un objeto estacionario que es retenido durante unos segundos y es más preciso. En el otro se efectúa la medición con el objeto en movimiento a una variación de 0,1 a 1 segundo.

6.10.4. Descargas Normalizadas.

En todos los casos es necesario conocer la magnitud de la descarga en la muestra, la que está conectada a los puntos de alta tensión del circuito.

Las descargas internas o superficiales en una muestra pequeña pueden simularse con un circuito *abc* o por un impulso de magnitud conocida, figura 6-36.

Es conveniente tener un equipamiento que pueda producir descargas de magnitud conocida, en primer lugar para controlar la magnitud de las descargas producidas, por medio de un impulso de calibración o por cálculo. En este caso se hace necesario que de la fuente se conozca de antemano la magnitud de la descarga, se denomina *Descarga Primaria Normalizada*.

En segundo lugar se hace necesario conocer la fuente de descarga en la investigación de objetos complicados como transformadores, cables de gran longitud, etc.

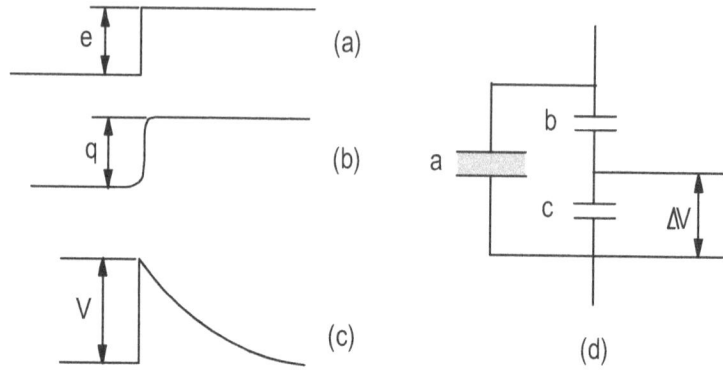

a   Tensión de impulso producido por un generador de onda cuadrada.
b   Carga aparente causada por dicho impulso.
c   Impulso de descarga a través de la impedancia de detección.
d   Circuito abc.

Figura 6-38.

Muy importante resulta el hecho que la presencia de esta fuente no afecte el objeto en prueba, por ejemplo una fuente con un capacitor muy pequeño. Por lo tanto es esencial contar una fuente de pequeño tamaño. Estos requerimientos son cumplidos por medio de una fuente de descarga cuya magnitud viene determinada de antemano y se la conoce como **Descarga Normalizada Secundaria**.

Para la descarga normalizada primaria se emplea un generador de pulsos de onda cuadrada. La onda cuadrada de tensión e provoca una carga transferida $q = eb$ en un capacitor en serie con el generador. Esta descarga transferida es inyectada en la muestra y causa en ella el usual impulso de tensión v sobre la impedancia de detección. Una descarga de magnitud conocida se aplica en este circuito y se obtiene la calibración directa en pC del detector.

Consideremos el circuito abc de la figura 6-36, que puede ser usado como generador de descarga normalizada primaria. En este circuito a es la muestra, b y c son dos pequeñas capacidades y la parte de cortocircuito está formada por un pequeño explosor a esferas. La tensión para la cual el circuito responde es

$$V_i = \left(1 + \frac{C}{b}\right)\Delta V$$

si $c \ll b$

El circuito genera una descarga

$$q = b\Delta V$$

En cuanto a las descarga secundarias normalizadas se logra por medio de una fuente natural de descargas.

Al respecto la mas apropiado resulta las descargas de corona alrededor de una punta aguda. Estas descargas son constante y regulares. La punta se coloca en forma opuesta a una semiesfera figura 6-37.

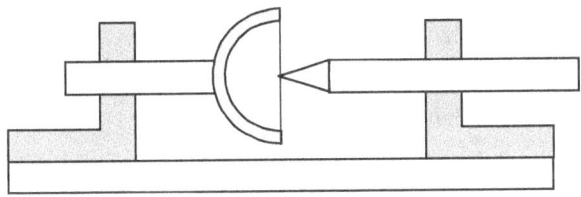

Figura 6-39. Fuente de descargas secundaria normalizada.

6.10.5. Caracterización de las Descargas

El método de descarga que se observa en la pantalla de un osciloscopio puede ser una indicación del origen de las descargas parciales. Los impulsos se superponen a una onda sinusoidal de 50 Hz que está en fase con la tensión de ensayo. Una segunda tensión de onda sinusoidal de 50 Hz se aplica a la entrada horizontal del osciloscopio como resultado, los impulsos aparecen sobre la elipse, que caracteriza de esta forma al ciclo completo de tensión de ensayo, figura 6-40.

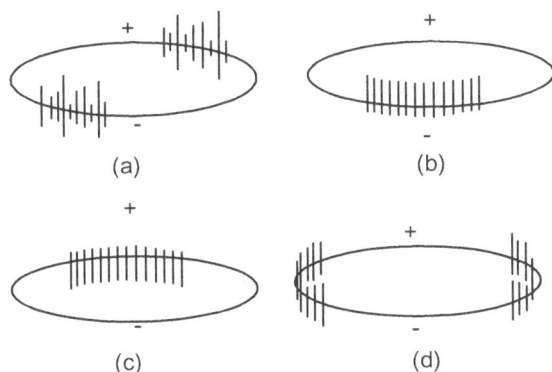

a **Modelo de descargas regularmente simétrico.**
Se trata de descargas interna en cavidades y en dieléctricos impregnados.

b **Impulso igualmente espaciados y de la misma altura, en la cresta negativa de la tensión aplicada.**
Se trata de descarga de corona alrededor de una punta de alta tensión.

c **Impulsos igualmente espaciados y de la mismas altura en la cresta positiva de la tensión aplicada.**

Son descarga de corona alrededor de una de baja tensión.

d   **Impulsos concretado alrededor de las caras de la elipse.**
Se trata de descargas originadas por falsos contactos.

Figura 6-40.

6.11. Bibliografía.

- Kreuger, F. H. *Discharge Detection in High Voltage Equipment.* Temple Press Books.

- Reid, R. *Corona and partial Discharge Detection.* Hipotronics Inc.

- Pecorelli, M. A. *Medición de Descargas Parciales en Transformadores de Medición.* Revista Electrotécnica.

La presente edición de *Mediciones en Alta Tensión* se termino de imprimir en Universitas, Córdoba. Argentina.

Se terminó de imprimir en el mes de Noviembre del 2020. Impreso en Córdoba (Argentina)